突发事件与心理应急研究

陈黎力　著

中国原子能出版社

图书在版编目(CIP)数据

突发事件与心理应急研究 / 陈黎力著.--北京：
中国原子能出版社,2023.5

ISBN 978-7-5221-2701-9

Ⅰ.①突… Ⅱ.①陈… Ⅲ.①突发事件－心理干预－
研究 Ⅳ.①B845.67

中国国家版本馆 CIP 数据核字(2023)第 083550 号

突发事件与心理应急研究

出版发行	中国原子能出版社(北京市海淀区阜成路 43 号　100048)	
责任编辑	王　蕾	
责任印刷	赵　明	
印　　刷	北京九州迅驰传媒文化有限公司	
经　　销	全国新华书店	
开　　本	787×1092 mm　1/16	
印　　张	9.875	
字　　数	210 千字	
版　　次	2023 年 5 月第 1 版　　2023 年 5 月第 1 次印刷	
书　　号	ISBN 978-7-5221-2701-9　　定　价　68.00 元	

前　　言

随着改革开放的不断深化和市场经济的深入发展，我国社会在转型过程中社会结构发生了巨大变化，一些重大突发事件却时有发生，直接威胁人们的生命健康与安全，以及社会的稳定。这些突发事件往往破坏性大，演变趋势及严重程度具有很大的不确定性，给国家带来重大的经济损失、人员伤亡和社会影响。突发事件主要是指那些事前难以预测、带有异常性质、严重危及社会秩序、在人们缺乏思想准备的情况下猝然发生的灾害性事件。突发事件具有不确定性、突然性、紧急性、危害性等特征，容易给人们的情绪和行为带来极大的震荡和冲击。为了迅速有效地应对突发事件，迫切需要提高人们应对突发事件的心理承受能力，引导大众对事件的性质有一个正确的认知和评价，从而能够以冷静、科学的态度面对突发事件。

本书力求做到逻辑严谨、陈述清晰。首先，简要阐述了突发事件应急决策基础；其次，系统地介绍了应急预案的编制内容与程序、突发事件的应急救援运行机制，以及突发事件的应急管理；最后，对突发事件的心理危机干预以及心理压力调控方法进行了一定的介绍。本书既可作为提高通用能力和应急管理素质的学习用书，也可作为大众应对和处理突发事件的实战宝典和行动指南。

在编写本书的过程中，笔者查阅和借鉴了大量的相关资料，在此向其作者表示诚挚的感谢。此外，本书在编写的过程中，得到了相关专家和同行的支持与帮助，在此一并致谢。由于水平有限，书中难免出现纰漏，恳请广大读者指正。

目　　录

第一章　突发事件应急决策基础分析

第一节　突发事件的相关概念界定

一、突发事件的概念

（一）突发事件的含义

很多人认为，突发事件就跟天灾人祸一样，是百年不遇的偶发性事件，其发生的概率很小。但其实，突发事件却经常地、方方面面地暴露在我们日常的各种活动之中。突发事件的发生是不以人们的意志为转移的，即使有些事件受人为因素的影响，但要想完全避免突发事件的发生是不可能的，这存在着客观必然性。在现代社会，由于工业化、城市化和全球化的影响，人类在谋取福利的同时，也使自身生活的自然环境和社会环境变得越来越脆弱，导致各种突发事件频发。

何谓突发事件？"突发"一词，顾名思义就是出乎意料地突然发生了，让人措手不及；"事件"一词，指的是相对比较重大，且对一定的人群产生一定影响的事情，或者说是历史上或社会上发生的大事情。突发事件，作为一个约定俗成的名词，是人们对出乎意料的事件的总称。这种事件造成或者可能造成严重的人员伤亡、经济损失、环境破坏，甚至威胁或者危害国家的政治安全、经济安全、社会安全等。因此，突发事件是影响到社会局部甚至社会整体的大事件，而不是个人生活中的小事件。通俗来说，就是天灾人祸，也有人称其为"危机"。

（二）突发事件与相关概念的区别

学术界存在着与突发事件这一概念相近的几个概念，通过比较它们的异同，可以更深刻地理解突发事件的含义。

1. 灾难

灾难指天灾人祸所造成的严重损害和痛苦。天灾人祸，顾名思义，"天灾"即自然的灾害，如洪水、台风、泥石流等；"人祸"即人为的祸患，如火灾、恐怖活动、战争等。因此，灾难不仅包括自然的灾难，也包括人为的灾难。两者往往互相渗透，有时会很难区分开来，它们的发生具有不可预测与不可抗拒性，且最终结局带有无法补偿之意。应该说，大部分自然带来的灾难是非人力可抗拒的，只能通过预防和抗灾来减轻损失；而人为灾难则是人类疏忽或者有意造成的，大部分是可以预防和制止的。

突发事件与灾难的区别在于：① 灾难重点强调的是事件的结局是悲惨的、不幸的，体现人类的被动、无助；而突发事件的内涵不仅有事件的结果，也强调时间的紧迫性，因此，突发事件的内涵更充实；② 灾难，按传统理解，发生在人们的生产、生活之中；而突发事件除此以外，还涉及政治、经济、文化、军事、外交等领域，体现了事件发生的原因、类型、领域的多样性，因此，突发事件的外延更宽广。

2. 危机

对于危机，《现代汉语词典》的解释是产生危险的祸根，到了严重困难的关头。学术界对于危机也有不同的定义。国外的学者对突发事件的探讨通常都与危机并列，在对危机定义的阐释中叙述突发事件。所谓危机，就是一个会引起潜在负面影响的不确定的事件，对自然、社会系统的各个不同层面突然释放冲击，并发生了混乱、失序、不平衡，系统的根本目标受到巨大的威胁，以致系统内各主体必须在极其短暂的时间作出决策性反应的突发事件。也就是说，危机是国家全面或者部分出现严重灾害、传染病、恐怖活动、战争等，使社会秩序受到了严重破坏，给社会结构的稳定和人们的健康生活带来巨大威胁的一种非正常状态，需要调用非常规手段来应对的特殊情形。

突发事件与危机的区别在于：① 危机更强调人为因素，具有高危性、不受欢迎性和不确定性；而突发事件既有人为因素，也有自然因素所造成的无法预测性。② 在负面影响方面，突发事件较为显性，较强调已经爆发而现实存在的；而危机既可以是显性，也可以是隐性，危害可能还在潜伏中，没有爆发出来，更为消极。③ 危机强调的是一种状态或者情形，强调可能带来危害后果；而突发事件强调的是事件或者事项，强调事态的即时性。

3. 紧急事件

紧急事件指即将或已经对人、物出现伤害的事件。"紧急"，就是需要立即行动，不容拖延，体现了其紧迫性。紧急事件就是突然发生、具有不确定性、需要响应主体立即做出反应并得到有效控制的危害性事件。

突发事件与紧急事件的区别在于：① 突发事件强调具有国内突发性事件这一概念本身所体现的大规模、影响严重的特性；而紧急事件则更多强调个体的、家庭的或者其他较小单位所面临的即时性的问题；② 突发的内涵与外延比紧急狭窄。突发事件属于紧急事件，但紧急事件并非一定都是突发事件；③ 虽然二者都体现时间性，但突发事件重点强调事件发生在时间上的突然性；而紧急事件强调的是主体反应时间的有限性、紧迫性。

4. 风险

风险是指即将到来的危险，遭受损害、不利或毁灭的可能性。一般来说如果某一事件的发生存在着两种或两种以上的可能性，就可以认为该事件存在着风险。风险是在某一个特定时间段里，人们所期望达到的目标与实际出现的结果之间的距离。换句话说，就是产生了我们所不希望的后果的可能性。风险强调的是潜在的威胁，是还处于酝酿过程中有可能产生危害的征兆，是一种可能的灾难。从理论上讲，如果能够合理地利用科学技术建立起有效的预警机制，很多风险可以从根本上预防和消除。风险事件则意味着风险的可能性转化成了现实性。

突发事件与风险的区别在于：① 二者都具有不确定性，风险更强调在未来的时间里发生的可能性和后果的组合；而突发事件强调的是当前已经发生了的危险事件；② 在可控性方面，突发事件强调的是不可预见性；而风险则有一定的主动性和可控性，使自己的决定将会造成的不可预见的后果具备可预见性，从而控制不可控制的事情，化被动为主动。

灾难、危机、紧急事件、风险这些与突发事件相近的概念，几乎含盖了突发事件的各种含义。因此，在日常生活中我们并没有将这些概念与突发事件作严格的区别，甚至还会混用。不同的人站的角度不同，侧重点也会不同，在使用突发事件概念中某一方面特质的同时可能会忽略其他方面的特质，因此，在各种定义之间难免会出现不尽一致的情况。此外，在对突发事件的定义和分析上，国内外学者也有不同。国内学者较为强调突发事件的突发性、异常性和破坏性，就事论事；而国外学者则更注重突发事件定义与范畴的可变性，以及事情发展的可能性。

二、突发事件的基本特征

突发事件一般具有突发性、危害性、紧迫性、不确定性和持续性五个基本特征。

（一）突发性

突发事件是突然发生的，从发展速度来说，进程极快，常以迅雷不及掩耳之势爆发，其爆发的时间、地点、方式、种类以及影响的程度往往超出人们的常规思维和社会的常态秩序。整个社会对突发事件的相关信息处于短缺状态，使人们难以预料，因而难以判断及做出正确的反应，心理上产生恐慌，陷入困境之中，从而造成诸如生命、健康、财产和环境生态的巨大损失。突发事件在时间上的瞬间性增加了人们控制与处理突发事件的难度。

（二）危害性

突发事件给公众的生命、财产或者国家、社会带来严重危害。这种危害具有破坏性、灾难性，而且是连锁的、广泛的和持久的。宏观上给社会、组织、群体，微观上给家庭、个人，带来一定程度的损失，这种损失既包括物质层面的人力、物力、财力甚至生命的损失，精神层面也会给社会秩序及人们的心理造成伤害。

（三）紧迫性

突发事件突然爆发，要求马上作出正确而有效的应急反应，在时间的快速性上对应急组织提出了很高的要求，可谓刻不容缓，一刻千金。事件发展迅速，需要及时拿出对策，采取非常态措施，以避免事态恶化，造成更大损失。

（四）不确定性

突发事件具有不确定性，这种不确定性包括事件发生的地点、时间、状况及严重程度等。突发事件突然爆发，它可能有某些征兆，但其又有一定的偶然性，在信息严重不充分、不及时、不全面的情况下，人们一时难以把握事物的发展方向，对其性质也一时难以用常规性规则做出客观的判断。事件的发展和可能涉及的影响只能根据既有的而又有限的经验和措施来判断、掌控，一旦处理不当就可能导致事态进一步扩大。因此，突发事件往往既是机遇，也是挑战。

（五）持续性

对于人类文明发展进程而言，突发事件一直伴随着人类，从来没有停止过，也将永远伴随下去。无论国度、制度、社会发展情况将发生什么变化，想避免突发事件的发生应该是不可能的。因此，人类才一直致力于研究如何最大限度地降低突发事件发生的可能性，控制、减轻并消除突发事件引起的严重危害。

对于每个突发事件而言，它不会突然发生而后又突然消失，这中间必然有个过程，有潜伏期、爆发期、消退期、影响期。突发事件的危害和影响不可能在极短时间内清除，会持续相当长的一个时期，而且一旦爆发，其影响的地域比较广，涉及的人员比较多，容易引起"多米诺骨牌"效应和涟漪效应。同时，此行业、此地区的突发事件可能又影响到彼行业、彼地区；地方性的突发事件可能演变为区域性的突发事件，甚至演变为国际性的突发事件；非政治性事件可能演变为政治性事件；自然性的突发事件可能演变为社会性的突发事件，尤其是在当今全球化和信息化的时代。

三、突发事件的类别

（一）突发事件的分类

为了更好地应对突发事件，很有必要按照不同的分类标准对其进行分类，从不同角度对相同的研究对象进行分类和归纳，由此根据不同类别的突发事件采取有针对性的应对措施。

1. 按照突发事件产生原因的性质来划分

可以分为自然性和人为性突发事件。这也是最为常见的划分方法。例如，自然性突发事件有洪水、台风、地震、山崩、火山爆发、沙漠化、瘟疫等；人为性突发事件有交通事故、火灾、房屋倒塌、矿难、危险物品事故、恐怖活动、战争等。

2. 按照突发事件影响的范围来划分

可以分为国际的、全国性的、地方的、组织的突发事件。但是，这种突发事件通常会相互作用，各个层次的突发事件还可以转化。一个大型组织的危机可能把整个地方甚至更大的区域卷入到他们所陷入的危机中。

3. 按照突发事件产生后果的严重程度来划分

可以分为大规模恶性突发事件、恶性突发事件、严重突发事件和一般性突发事件。这种划分主要是依据人员伤亡数量、财产损失、事件波及面及持续时间、社会各界的影响面等确定的。

4. 按照突发事件发生的领域来划分

可以分为自然性、生产性、政治性、经济性和社会性突发事件。这一分类较为周全，但有的分类存在交叉，例如，社会性突发事件表现形式中的罢工、罢课、集会、游行、示威等，同样又是经济性、政治性突发事件的表现形式。

（二）突发事件的类别

我国现阶段的突发事件种类繁多，形态多样。我国的管理层对突发事件的重视程度不断提高，并公布了以突发事件发生的领域和性质为标准划分的四类突发事件。根据突发事件的发生过程、性质和机理，突发事件主要分为以下四类。

1. 自然灾害

指给人类生存带来危害或损害人类生活环境的自然现象。其主要由自然因素直接导致，主要包括水旱灾害、气象灾害、地震灾害、地质灾害、海洋灾害、生物灾害和森林草原火灾等。

我国是世界上自然灾害最为严重的国家之一。目前我国在自然灾害方面的形势是十分严峻的：一是灾害种类多，除现代火山活动以外，几乎所有自然灾害都在我国出现过。二是分布地域广，我国70%以上的城市、50%以上的人口分布在气象、地震、地质、海洋等自然灾害严重的地区。三是发生频率高，我国受季风气候影响十分强烈，气象灾害频繁，局地性或区域性干旱灾害几乎每年都会出现，同时我国还是世界上大陆地震最多的国家，地震活动十分频繁。四是造成的损失重。

2. 事故灾难

指在人们生产、生活过程中意外发生的，造成大量的人员伤亡、经济损失或环境污染等灾难性后果的事故。其主要由人们无视规则的行为导致，主要包括工矿商贸等企业的各类安全事故、交通运输事故、公共设施和设备事故、环境污染和生态破坏事件等。

我国在煤矿、交通等方面重特大事故频繁发生，给人民群众的生命财产造成了严重损失：一是事故总量大、伤亡总数大；二是重特大事故多发；三是环境问题突显，其中生产安全事故导致的环境污染和生态破坏事件增多。

3. 公共卫生事件

指突然发生，造成或者可能造成社会公众健康严重损害的重大传染病疫情、群体性不明原因疾病、重大食物和职业中毒，以及其他严重影响公众健康的事件。其由自然因素和人为因素共同导致，主要包括传染病疫情、群体性不明原因疾病、食品安全和职业危害、动物疫情，以及其他严重影响公众健康和生命安全的事件。

4．社会安全事件

指对社会和国家稳定与发展造成巨大影响，涉及经济方面、政治方面和社会方面的各种突发性的重大事件。其主要由一定的社会问题所诱发，主要包括恐怖袭击事件、经济安全事件和涉外突发事件等。

四、突发事件的分级

将突发公共事件划分为不同的级别，从而采取不同的应急措施，这是各国应急管理的共同经验。当前，西方发达国家政府预警系统一般都强调对突发事件进行分级预警管理，对程度不同的突发事件实行不同级别的认定并采取相应的对策。

在我国，根据 2006 年 1 月国务院颁布并实施的《国家突发公共事件总体应急预案》，各类突发公共事件按照其性质、严重程度、可控性和影响范围等因素，一般分为四级：Ⅰ级（特别重大）、Ⅱ级（重大）、Ⅲ级（较大）和Ⅳ级（一般），并依次用红色、橙色、黄色和蓝色表示。突发事件的分级标准由国务院或者国务院确定的部门制定，其中较大和一般突发事件分级标准由国务院主管部门制定，特别重大、重大突发公共事件分级标准则由国务院制定。

（一）Ⅰ级（特别重大）

指对社会核心价值体系形成冲击，威胁到政府执政的合法性，造成重大生命财产伤亡，需要动员政府和全社会力量乃至国际力量救援的事件。

（二）Ⅱ级（重大）

指对社会和公众正常生活、生产秩序、社会财富及公众人身安全等造成严重损害，需要动员、调动诸多职能部门和多方面的社会力量予以救援处置的突发事件。

（三）Ⅲ级（较大）

指在局部地区造成人、财、物损失的事件。

（四）Ⅳ级（一般）

指在小范围内造成较小损失的突发事件。

不同的突发事件有不同的分级标准，即使是同一类突发事件，其性质、严重程度、可控性和影响范围的因素也有不同，因此，具体确定时必须结合不同类别的突发事件情况和其他标准具体分析，而不是简单地以人员伤亡情况或者经济损失情况来判断其级别。

对突发事件进行分级，目的是落实应急管理的责任和提高应急处置的效能。Ⅰ级（特别重大）突发事件由国务院负责组织处置；Ⅱ级（重大）突发事件由省级政府负责组织处置；Ⅲ级（较大）突发事件由市级政府负责组织处置；Ⅳ级（一般）突发事件由县级政府负责组织处置。

五、突发事件的分期

对于每个突发事件而言，它不会突然发生或者突然消失，其中必然有个过程。根据突发事件的发展过程，突发事件可以在事前、事发、事中和事后各阶段分为预防与应急准备、监测与预警、应急处置与救援、事后恢复与重建等应对活动，由此形成了一个闭合的循环过程。不同时期采取不同的应对措施，以控制突发事件的演变。在应对突发事件的过程中，应贯彻以预防为主、预防与应急相结合的原则。

突发事件的分期旨在建立一个"全过程"的应急管理模式。突发事件通常遵循一个特定的生命周期，每一个级别的突发事件，都有发生、发展和减缓的阶段，需要采取不同的应急措施。因此，需要按照社会危害的发生过程将每一个等级的突发事件进行阶段性分期，以此作为采取应急措施的重要依据。根据社会危害可能造成危害和威胁、实际危害已经发生、危害逐步减弱和恢复的演变过程，可将突发事件总体上划分为预防与应急准备、监测与预警、应急处置与救援、事后恢复与重建四个阶段。

（一）预防与应急准备

预防与应急准备是防患于未然的阶段，也是应对突发事件最重要的时期。这个时期的主要任务是防范和阻止突发事件的发生，建立应急预案体系，建立预防机制，对危险源及区域进行调查、登记、风险评估并定期检查、监控，加强全民教育，建立高素质的应急救援队伍，确立应急保障制度。

对于不同原因引发的突发事件，预防与应急准备所采取的手段、措施也是不同的。对于自然因素引发的突发事件，主要是采取一些直接的控制或者防范措施，例如对于水灾的预防与准备，可以采取加固堤岸等措施；对于人为因素引发的突发事件，主要是采取一些间接的控制或者防范措施，例如对于群体性事件的预防与准备，可以采取解决社会矛盾、缓解干群关系等措施；对于自然因素与人为因素交互作用引发的突发事件，则是直接控制与间接调控相结合，例如对于传染性疾病的预防与准备，可以采取开发针对病原体的药品、购置医疗设备以及防止人群聚集等措施。

（二）监测与预警

监测与预警是预防与应急准备时期的工作延伸。这个时期的主要任务是把突发事件控制在特定类型以及特定的区域内，早发现、早报告、早预警，及时做好应急准备，有效处置突发事件，建立监测制度、机制，建立预警机制，尽可能控制事态发展。

在监测与预警方面，对于自然因素或者自然因素与人为因素交互作用引发的突发事件，主要通过观测仪器、装备和技术获取相关资料数据，根据监测情况，结合事件发生的历史规律进行综合分析，对事件爆发的可能性、强度、范围作出判断、评估、统计和科研，并将评估结论告知社会公众，增强公众的危机意识，及时做好防范准备。对于人为因素引发的突发事件，主要通过对社会现象的分析、调查，对社会发展过程中出现的突出问题和矛盾进行综合归纳，结合人类社会对社会发展的一般规律的基础理论，对是否构成突发事件以及构成突发事件的时间、规模、强度进行评估，并用评估结论警示有关组织或者个人。

（三）应急处置与救援

应急处置与救援是应对突发事件最为关键的时期。这个时期的主要任务是及时控制突发事件并防止其蔓延，要求快速反应，依法及时采取有力措施，开展应急救援工作，避免发展为特别严重的事件，尽可能减轻和消除事件对人民生命财产安全造成的损害。

对于自然、人为因素或者两者交互作用引发的突发事件，应急处置与救援所采取的手段和措施没有太大的区别，都是必须按照应急预案展开救援行动，以最大限度地保护人民生命财产安全。同时，根据突发事件的特点和大小，合理确定应急防范的范围，确定应急队伍及装备、设施，保障信息、通信系统的快捷、便利，保障运输系统的畅通、高速，整合一切应急资源的应急指挥体系。

（四）事后恢复与重建

事后恢复与重建是应急处置与救援时期的另一种延伸。应急处置与救援工作结束后，并不代表突发事件应对过程的结束，而是缓解、善后工作的延伸。这个时期的主要任务是减低应急措施的强度并尽快恢复生产、生活、工作和社会的正常秩序，妥善解决处置突发事件过程中引发的矛盾和纠纷。同时，对整个事件处理过程进行调查评估并总结经验，提出改进的措施。

突发事件一旦被控制，迅速挽回事件所造成的损失便成为事后恢复与重建的首要工作，但在恢复工作前必须分析事件产生的影响和后果，进而制订出有针对性的恢复计划，并处理好实体重建、心理重建、资源重建等问题。合理的评估结果决定着重建的成本，也关系着人民生命与财产的安危，因此，评估必须在技术检测的基础上，由权威机构来进行。

当然，由于突发事件演变迅速，各个阶段之间的划分有时不一定很容易确认，而且很多时候是不同的阶段相互交织、循环往复，从而形成处理突发事件特定的生命。

第二节　突发事件应急协同机制建立

突发事件的不确定性、复杂性等特征对应急管理也提出了更高要求，下面首先从突发事件自身特点、应急主体特征、应急目标等角度分析应急管理的协同化需求，然后在对应急主体明确界定分析的基础上，提出建立突发事件的协同应急机制。

一、突发事件应急管理的协同化需求

（一）突发事件自身特点的要求

由于突发事件发生和演变态势的不确定性，具有连锁性和扩展性，导致受影响的区域或人群范围更广、程度更严重，因此，需要应急决策者能够快速、有效地协同各方信息、资源，达到实时反应，减小事故的影响。面对突发的环境污染事件，从预防到处理事故完毕，都需要各区域、各部门统一协作，共同对抗突发事故。

（二）多部门参与应急救援对协同合作提出要求

近些年来，突发事件的综合性和跨地域性日趋明显。突发事件爆发后往往涉及政府、企业和公众，甚至跨越行政辖区的边界。在我国，与突发事件预防和应急有关的机构较多，包括公安部，水利部，国家环境保护总局，国家市场监督管理总局，地方公安、消防、环保、交通、供水、城市建设和规划部门等。由于不同层级的政府之间、不同部门之间职能划分不明、沟通协调不足，在应对突发环境事件时，往往出现信息传递失效，无法做出及时而协调一致的反应。

（三）应急信息的共享需要多方协同合作

在突发事件的应对过程中，应急信息的传递对于事件的处理起着至关重要的作用。由于各部门分属不同领域、专业性强，部门信息系统相互独立，业务系统数据库标准、格式不一，导致信息采集、交流不畅，共享度低，从而使得每个部门变成了"信息孤岛"，不断地在其内部产生、加工、传递信息和知识，而不与外界进行交换。在突发事件应对中，迫切需要各部门建立协同一致的信息平台，完成信息的沟通和共享。

（四）协同应对是应急救援的客观要求

在突发事件应急决策过程中，应急资源的保障力度、资源的及时到位以及充分整合成为应急决策的重要环节，是保证应急协同决策顺利实现的保障。如果应急资源不能共享、分配不合理，导致某些地区应急资源不足而错过最佳救援时机，将不利于突发事件的控制，使得危机扩散而造成更大的风险。不同的职能部门控制着不同的资源，只有达到有效协同，才能实现应急资源的优化配置和充分整合。

二、突发事件应急主体的界定

协同应急机制的核心是应急主体，突发事件协同应急机制的建立，是围绕各方应急主体展开，在应急主体协同的基础上，进一步实现应急信息共享、应急流程统一、应急救援及时的应急管理目标。在突发事件应急决策过程中，应急主体是由能够实现共同合作认识和解决问题能力的两个或者两个以上的个体或群体构成。通过对我国突发事件实践的总结，这里将突发事件的应急主体分为三类：应急决策主体、应急职能主体和应急参与主体。

（一）应急决策主体

2007年8月公布的《中华人民共和国突发事件应对法》规定除社会安全事件外，一般或较大的突发事件的应急处置由发生地县级政府和设区的市级人民政府统一领导；重大或特别重大的由发生地省级人民政府统一领导，其中影响全国、跨省级行政区或者超出省级人民政府处置能力的由国务院统一领导。

当前，我国实行由行政应急性原则所支撑的框架下"中央统一领导，分级负责，属地管理，以应急预案为核心"的突发事件应急处理机制。基于上述分析，这里界定突发事件应急决策主体，是以政府为主导，同时包括负责各层面组织协调工作的管理者，也包括提供决策支持意见的专家，他们共同构成了应急指挥组织整体的协同应对。

（二）应急职能主体

突发事件的应急处置涉及各职能部门的有效配合，这些职能部门包括地方公安、消防、环保、交通、供水、城市建设和规划部门等，他们可以为决策主体的决策提供所需要的各种资源，构成了突发事件的应急职能主体。各职能部门之间的配合对突发事件的应急救援的效率起着巨大作用。为解除冲突实现高效救援，减少生命财产损失，则需要各个部门的协同联动，有序应对。

（三）应急参与主体

应急参与主体是指在突发事件应急协同决策过程中，不参与应急协同决策活动，但是却可以为决策主体的决策提供所需要的各种资源的主体。这里将应急参与主体分为：非政府组织、企业组织、社会公众和媒体。

非政府组织：非政府组织的英文为"Non-governmental Organization"（NGO），我国官方文件里常称之为民间组织。非政府组织及时组织人员参与救援行动，开展社会服务，包括组织募捐，救助、转移与安置群众，提供灾区急需药品、食品、衣物与饮用水等。非政府组织具有很强的专业性，拥有资历丰富的专家队伍，可以在心理救助、学校重建、孤儿抚养、社区建设等方面发挥重要作用。

企业组织：企业组织具有资源、组织协调等方面的优势，在危机现场可以迅速开展应对工作，为政府介入赢得宝贵的时间。另外，可以提供技术支持和物质保障，帮助灾区人民自力更生等。

社会公众：公民作为危机的利害关系人，对危机治理过程中的问题所在及需求有深刻的认识，公众的参与不仅有助于危机事件的解决，有助于政府制定出科学、合理的决策，还能有效监督政府的危机治理行为，提高危机治理效率。

媒体：媒体在重大突发事件中的功能和作用是巨大的，它能够实现民众知情权，实现决策主体同公众之间关于事件信息的互通，从而引导公众情绪向有利于突发事件应急决策的方向发展。公共危机事件爆发后，公众迫切需要了解真相，媒体作为专业的信息传播机构，通过对危机事件的追踪报道和解读，可以有效缓解社会恐慌，维护社会稳定。

三、突发事件应急协同机制

所谓"协同"是协同理论的最为基本的概念，是指系统内部各要素或者系统之间的相互作用的过程。系统往往由诸多子系统构成，这些子系统产生相互作用之时，系统内部已经不是"各自为政"，而是因为某一共同目标自发组织起来。协同理论的核心概念即通过研究系统内部子系统间的相互作用，使系统实现从无序到有序的演变。其目的是将系统功能实现"1＋1＞2"，实现相互协同即可达到事半功倍的效果。这种协同作用产生的结果称为协同效应。

从系统的角度来看，突发事件的应急管理是由应急决策主体、应急职能主体及应急参与主体构成救援实施主体，通过对事件相关信息的全方位共享，共同承担配合救援任务，保障应急救援顺利开展的一个复杂系统。应急主体对自身内部成员之间需要协同，还需对其他主体进行交流和协作，达到有效应急的目标。在突发事件的应急过程中，存在着多种主体，也必然存在多样的冲突，为达到有效的应急目标，生成切合实际的应急方案，就必须率先构建协同管理机制解决各种冲突，消除无序状态，为有效应急奠定基础。下面从应急主体的角度出发，建立突发事件的协同应急机制，协同应急机制的主要内容应包括以下几个方面。

（一）应急决策主体自身内部的协同

突发事件涉及范围广，受影响范围大，往往造成巨大的财产损失、人员伤亡。在突发事件爆发后，应急决策主体是一个群体，他们面临客观和心理压力，在情绪、决策行为、应急目标等方面存在差异，为了降低损失，作出科学判断，应急决策主体之间首先需要在这些方面进行协同，达成一致。

应急管理是目标驱动的管理模式，一切都需围绕决策目标，如果决策目标不能明确，就很难拟定出具有针对性的决策方案。决策目标是进行应急决策的前提，直接影响着决策方案制定与任务执行的导向。

突发事件的爆发和扩散，对应急决策主体而言，会造成极大的心理压力，将影响决策主体的整体决策效果，控制不好的话，会引起决策主体的"群体盲思"，从根本上影响决策的质量，甚至影响突发事件应急救援行动开展。在对突发事件的应急决策过程中，决策主体需要达到心理的协同，避免出现混乱的心理，从而使得决策主体的心理发生极大的变化，进而影响决策的效果。应急决策主体在程序协同方面的重要目的是对不合理的、烦琐的决策程序进行优化，从而提高协同决策的效率。当突发事件发生之后，实施决策程序协同能快速、有序地制定决策方案，将突发事件损失降至最低。

（二）应急决策主体与应急职能主体的协同

清晰的指挥和部门协作链是做出协调一致和层次分明的应急行动的基础，这样，在事故发生时就可以迅速做出评估和反应，并适时将应对行动上升到区域和国家层次。

多元主体的参与必须要有协调统一的机制。突发事件的应急决策主体应在配合的职能主体之间充当协同的中枢机构、负责牵线搭桥的角色，应急决策主体应凭借自己在应急决策中的主导地位，统一协调和调度各系统资源并加以快速整合和配置，将消防、公安、医疗及交通等职能部门从管理上聚合起来，整合不同体系、部门的救助减灾力量，保证各部门在应急决策中密切协作，合力完成总体方案的制定与调整。各主体在灾害救援中的定位和职责应该明确，可通过主体责任机制、协同与共享激励机制、相关法律法规的约束等，确保各主体明确权责，充分发挥作用。

（三）应急决策主体与应急参与主体的协同

我国目前在突发事件应对方面实行的是单一的决策执行制度。然而政府与参与主体（非政府组织、企业组织、社会公众、媒体）之间应是一种平等与协作的关系，通过自愿的行动合作和协商对话来面对突发事件，而不是在政府强制力下的不平等关系。此时应急决策主体中的政府与媒体、社会公众之间的协同沟通既有利于公众利益和意见的表达，也有助于政府集思广益，了解民情，能够促进政府与公众在公共危机治理过程中建立信任和合作关系。而政府与非政府组织、企业组织之间的协同，将进一步有利于突发事件的控制，有效地达到应急救援的目的。

应急决策主体中的政府对于突发事件的管理起到主导作用，并影响其他参与主体发挥间接作用，目前我国的应急管理机制需要注重多主体参与，应急决策主体要加强对非政府组织的引导，促进沟通和信息共享，确认非政府组织是政府"合作者"的角色。在政府与多方参与主体的协同中，应急决策主体应该主动沟通和通告突发事件的具体信息，而参与主体可以与政府进行适当反馈和协同。

第三节　突发事件应急决策模式构建

一、突发事件应急决策的内涵

随着对突发事件应急管理的重视，国内外学者从多个角度对应急决策进行定义，其中比较有代表性的观点有：

应急管理者必须要有应急决策支持系统或计算机来辅助决策，这些决策支持包括救援程序设计、数据分析与推演等。群决策是应急规划和管理的典型特征，突发事件的应急决策是在不完全信息下的多人多方案的选择问题。突发事件的应急决策是指在灾难事故突然发生或出现征兆时，通过收集、处理相关信息明确应急救援目标，应用决策理论和计算机辅助工具从多种可行方案中选择满意方案的动态决策过程。应急管理的实质是非程序化决策问题，决策者必须在有限的信息、资源和时间的条件下寻求"满意"的处理方案。

综上所述，突发事件的应急决策是指在灾难事故突然发生或出现征兆时，通过利用应急监测技术等各种手段收集、处理相关信息，基于这些信息设计多种应急救援方案，并运用决策理论和计算机辅助工具选择满意方案的动态决策过程。

二、突发事件应急决策特征分析

基于对突发事件特点的分析，结合应急管理实际，突发事件的应急决策具有以下特征。

（一）动态环境

突发事件初期，由于事态不明、现场难以接近、应急监测信息收集人员未到位等原因，可供决策的信息较少，事件扩散速度、人员伤亡、经济损失等方面的信息处于动态变化之中。随着突发事态及信息的演变和发展，应急决策者需要将应急处置根据事态的变化分为几个不同阶段，不断评估调整应急方案来面对动态的环境，在各个阶段做出阶段性决策，将损失降到最低。因此，应急决策需要决策者在面临突发事件时做出一系列相关联的连续性决策。

（二）应急决策的不确定性

突发事件的发生具有突发性和随机性，难以预测和预防，而且突发事件其演变态势往往具有不确定性，这些都给应急决策带来巨大挑战，使得应急决策过程也充满着不确定性。这些不确定性还包括应急方案实施效果、资源分配、应急信息获取的不确定性等方面。

（三）多目标决策的特点

突发事件具有复杂多变的演化规律，是传统决策理论无法解决的不确定条件下多目标风险应急决策问题。为了有效预防和应对灾害的发生，决策者需要依据应急救援的目标，在不确定条件下对各应急预案进行评估和选择，这些应急目标包括尽量降低人员伤亡，减少经济损失，选择可行性比较大的方案等。

（四）应急决策的复杂性

突发事件处理涉及因素较多，且事发突然，危害强度大，必须快速、及时、有效地处理，否则将对当地的自然生态环境造成严重破坏，甚至对人体健康造成长期的影响，需要长期整治和恢复。

（五）风险决策的特点

由于突发事件的发生具有高度不确定性，受天气、风向、舆论、衍生事件等因素影响，往往可能演变为不同的风险情景状态，决策者需要考虑在不同风险状态下的应急方案的选取及决策，突发事件的应急响应是不确定环境下的风险决策问题。

三、基于"情景—应对"的突发事件应急决策模式

突发事件的应急决策是一个非结构化且动态复杂的风险应急决策问题。突发事件难以预测而且又难以阻止，事件情景的发展趋势和演化路径难以确定，持续时间尚难确定，按照传统的"预测—应对"模式难以解决。这里提出基于"情景—应对"的突发事件应急决策模式。

"情景—应对"模式是决策行为主体对已经拥有的信息、知识、数据的经验提取与综合集成，再将经验信息纳入当前非常规突发事件具体的"情景"中加以考量与运用，依赖当前非常规突发事件的情景，对于出现什么样的事件"态势"、出现这些"态势"的可能性以及这些"态势"造成的危害程度等进行社会心理认知，进而生成应对方案的一种新的决策方法。它已逐步在应急管理领域得到重视和应用。

在"情景—应对"决策模式指导下，突发事件的应急决策是以应急决策主体为主导，多方协同的动态应急决策过程，这个决策过程包含：① 关于未来"情景"的知识、数据等信息的收集；② 对未来"情景"的推演以及"态势"可能性的分析，以及在此分析的基础上进行的应急方案设计；③ 考虑不同风险情景下的应急方案的选择；④ 方案实施后的评估反馈。因此，基于"情景—应对"的突发事件应急决策模式包含四个组成模块：信息收集发掘模块、情景分析及方案设计模块、方案优选模块以及应急主体协同能力评估模块。

突发事件应急决策模式的各组成模块的具体内容有以下几个方面。

(一) 信息收集发掘模块

在突发事件刚刚发生或出现征兆时，事态信息模糊不清，应急决策主体应尽可能地组织人员和运用相关技术尽最大可能收集突发事件的相关信息，包括：① 事故的基本信息，如涉及的区域范围、责任单位及其他需要明确的信息等；② 已经造成的破坏，有无人员伤亡等；③ 事件演变态势和速度；④ 突发事件发生地与周围可能受到影响的区域，包括政府机关、企事业单位、居民点以及其他基础设施等。

在确定信息的真实性的情况下，要对突发事件的周边环境信息、情景信息等进行初步辨识和发掘。如果发生在重要水域、地震、洪涝灾害等灾区、跨界区域等敏感地点，可能或已经影响到饮用水源地、学校、医院、居民区、国家级自然保护区等敏感区域，在分析研判时应注重情景推演，适当提高应急响应和预警级别。

(二) 情景分析与方案设计模块

基于突发事件爆发的偶然性和瞬时性，以及爆发后的事故演变态势的不确定性等特

征，决策者需要在应对过程中进行情景分析和态势预测，实现对突发事件实时情景的有效描述，完成事件态势预估和模拟推演，为后续掌握情景变化建立应急策略提供决策支持。因此，可以说情景分析模块是突发事件应急决策的重要支撑。

突发事件的情景既包含了气象、地理、基础设施等自然要素，也包含了组织结构、人员调配和社会文化等人为要素。要素的差异和变化可以导致相似的情景产生差别巨大的发展变化。这就需要应急决策者对突发事件的情景态势进行觉察、理解、推演，对事件自身发展的交互演化进行定性与定量分析。在对未来情景推演的基础上，建立关键情景库，协同设计应急方案。通过协同制订的应急决策方案，将最大限度地考虑各方主体利益，提高跨区域、跨省市的应急主体共同抵御重大突发事件的应急管理能力。

（三）方案优选模块

基于情景分析的支持，在应急救援目标的指导下，应急决策者需要对协同制订的应急方案进行评估和筛选。基于对突发事件应急决策的特征分析可知，突发事件的应急方案的选择，不仅需要考虑应急救援的目标，还需要考虑基于事件的各种情景演变状态，以及应急决策者自身的有限理性、损失规避等特征。基于多种目标的考虑，应急决策主体确定最优的应对方案。

随着突发事件的态势及信息的演变和发展，关于事件的信息和态势逐步明朗，加上决策方案在实施过程中产生的决策处置效果相关信息，应急决策主体可以将这些信息反馈到决策系统中，用于随时调整和修正决策方案，并且动态调整决策信息和决策目标，直到突发事件得以缓解、消除或解决。

突发事件的应急决策是一个动态的应急过程，决策主体可以循环上述模块，以尽量降低损失和伤亡，使事件扩散的趋势得以遏制，达到有效应急的目标。

（四）应急主体协同能力评估反馈模块

应急救援的顺利实施，在一定程度上与应急主体之间的信任程度、协调程度、互动程度、支持程度等密切相关。在突发事件结束后，对应急救援实施中的应急主体的协同能力进行评估，考察突发事件协同机制的实施情况，评估协同的效果以及各方主体的配合能力，进一步反思政府应急能力的不足，增强政府的后续应急能力建设。

第二章 应急预案的编制

第一节 应急预案的内涵

一、应急预案的定义

应急预案也称应急救援预案或应急计划,是组织或企事业单位为了提高处置突发事件的能力,针对可能发生的事故或灾害,为了能够迅速、科学、有序地应对并最大程度减少或降低损失而预先制订的工作方案或计划。它提供了应对突发事件的标准化反应程序,是突发事件处置的基本规则和应急响应的操作指南。对政府部门来说,应急预案是世界各国在应急管理中普遍运用的政策工具。

根据应急预案的功能、定位、级别以及目的、作用的不同,会有不同的表述或名称,如总体应急预案、专项应急预案,集团公司应急预案、企业应急预案,处置方案、响应预案等。但无论如何表述,应急预案都是有效预防和处置各类突发事件的依据和应急基础,它的核心在于辨识和评估潜在的风险、事件的类型、爆发的可能性、发展的过程以及后果的严重程度,同时对应急机构与相关职责、人员、技术、设备、设施、物资、救援行动及其指挥与协调等方面预先做出具体安排。

由于突发事件具有爆发的突然性、行为的破坏性以及危害的次生性等特点,势必要求应急管理部门或人员必须在短时间内做出正确决策,借助应急预案,可降低应急管理人员处置突发事件时的时间和压力,降低突发事件的影响与危害。因此,应急预案也是检验组织、单位乃至政府部门处置突发事件应急管理水平的有效依据。

二、应急预案的特点

应急预案作为突发事件的应对方案,主要具有以下几个特点。

(一)内容全面

应急预案的内容要包括所有潜在的突发事件(即使是发生概率很低的突发事件),而且要涉及突发事件处理的所有利益相关者,贯穿突发事件应急管理全过程(包括事前预测预警、事发识别控制、事中应急处置和事后恢复重建)。

(二)整体系统

应急预案作为应急管理工作中的重要组成部分,是突发事件处置的操作指南,要包括处置工作的各个环节，同时各个应急预案之间又要相互衔接，形成预案体系。

（三）实施权威

应急预案一般由政府部门或企事业单位组织中的行政部门颁布实施，体现了一定的法律法规和规章制度要求；同时，为确保应急预案的权威性，要实时更新，必要时还可对其进行较大改动。

（四）可操作性强

应急预案需要指明处置突发事件时，按照什么步骤去做，每一步、每个环节由谁来做、做什么、怎么做。此外，应急预案中所规定的预防、应对、处置的计划和方法，既有历史经验和理论概括，又有科学分析和成功做法，通用性、适用性强。

（五）具体详尽

应急预案在做到文字简洁、通俗易懂的同时，内容要尽量具体化，要规范所有应急管理部门、机构及相关人员的行为和各项职责。

三、应急预案的分类

应急预案的种类很多，不同的角度有不同的分类。

（一）适用范围角度

根据应急预案适用范围，可以划分为综合应急预案、专项应急预案、现场应急预案、单项应急预案。

（二）事件类型角度

根据突发事件的类型，可以将其划分为自然灾害应急预案、事故灾害应急预案、公共卫生事件应急预案和社会安全事件应急预案。

（三）编制主体角度

根据编制主体，可以划分为社区应急预案、乡镇应急预案、学校应急预案、企业应急预案和单位应急预案。

（四）行政区域角度

按照行政区域，可以划分为国家级应急预案、省级应急预案、市级应急预案、县级应急预案和基层单位应急预案。

（五）时间区域角度

按照时间特征，可以划分为常备预案和临时预案等。

四、应急预案的体系

应急预案体系是指由不同层级、不同类型预案组成的、相互联系的、全方位的、多层次的预案群。预案发布后，按照"统一领导、分类管理、分级负责"的原则，我国开始大规模、系统性地构建整个应急预案体系，在全国初步建立起了以"总体预案—专项预案—部门预案—企事业单位预案"为主线的"横向到边、纵向到底"的应急预案体系。

综合应急预案是预案体系的顶层，在一定的应急方针、政策指导下，从整体上分析一个行政辖区或国家的危险源、应急资源、应急能力，并明确应急组织体系及相应职责、应急行动的总体思路和责任追究等。国家总体应急预案就属于综合应急预案，是全国应急预案体系的总纲，从总体上阐述预案的应急方针、政策，应急行动的总体思路等，是指导预防和处置各类突发事件的总体规范性文件，适用范围广。

专项应急预案，多由各级人民政府的综合部门牵头制订。它是在国家总体应急预案的基础上充分考虑了某种特定危险的特点，并针对某种具体、特定类型的突发事件而制订的应急预案，如群体性事件、自然灾害或公共卫生事件应急预案。专项应急预案的对象非常明确，责任非常清晰，措施非常具体，如抗震救灾专项预案、禽流感防控预案等。其目的是规范某一类或某几种突发事件的应急管理程序，做到及时有效地实施应急救援，以最大限度地减少灾害损失。

地方应急预案，是市（州）、县（市、区）人民政府根据上级政府的应急预案而制订的相应应急预案，主要包括省级政府的突发事件总体应急预案、专项应急预案和部门应急预案以及地方政府及其基层政权组织的应急预案，其区域性特征明显。

部门应急预案，由各级人民政府的职能部门具体负责制订实施。主要侧重于突发事件发生后，本部门的权责、应对措施、资源保障、部门联动等具体内容。

单项应急预案，主要是由某个部门或几个部门联合制订的，为应对大型活动或重要设施、项目突发事件准备的应急预案，具有一定的单一性。

临时性应急预案，一般针对大型公众聚集活动，如大型商场的特卖活动、体育赛事、民俗活动、娱乐集会等，或者一些具有较高风险的建设施工或维修活动，如人口密度大的建筑物定向等，预先对相关应急机构的职责、任务和措施而编制的行动方案。这些集聚活动的共性都是在相对较小的空间、较短的时间里集聚大量人流、物流，导致区域内各类突发事件的发生概率骤然上升。这类预案具有明显的时效性和较强的区域性。

五、应急预案的意义

突发事件发生后，为在关键时刻最大限度地减少损失，必须反应迅速、协调一致，及时有效地采取应对措施。应急预案编制的目的，就是让应急管理者通过进行前瞻性的风险评估和研究，降低突发事件的发生概率，同时也减少他们在处置突发事件过程中的决策时间和压力。应急预案主要有以下四个方面的意义。

（一）有利于提升应急处置工作的系统性

应急预案有助于应急管理人员对风险隐患进行全面系统的识别，同时通过了解突发事件的发生机理，明确应急救援的范围和体系，使突发事件应对处置的各个环节有章可循。

（二）有利于应急管理人员掌握处置主动权

预案的编制有助于提升应急管理人员对突发事件信息的理解和反应能力，以及快速处置突发事件的能力。

（三）有助于各应急部门及时做出响应

应急预案明确地规范细化了突发事件处置和救援的责任主体以及基本流程，从而缩短了应急响应的反应时间，有利于及时做出响应。一旦发生危机，可以第一时间按照计划实施组织指挥，赢取时间，控制局势，疏散人群，减少损失，具有一定的蓝图和导向作用。

（四）有利于提升风险意识

在应急预案的培训和演练过程中，可以对那些事先尚未引起注意的风险因素进行及时的排查和识别，实现源头防控；还可以使相关应急部门和个人明确自身的职责权限，强化风险意识；同时，预案的演练过程可以较好地检验预案和行动程序，评估应急救援队伍的整体协调性。

第二节　应急预案编制的内容

应急预案是应急管理的龙头，关系到整个应急管理工作的发展走向。从应急预案的结构来看，一份完整的应急预案应该包括以下内容。

一、总则

涵盖编制目的、编制依据、适用范围、应急预案体系以及工作原则等。

（一）编制目的

应急预案编制的目的、目标和作用等。

（二）编制依据

法规制度依据，包括相关法律法规制度，如火灾应急预案还需要涉及消防安全的相关法律规定和组织或单位的消防安全制度。

客观依据，包括单位的实际或基本情况、风险重点部位情况等。

主观依据，包括员工的变化程度、安全素质和事故处置技能等。

（三）适用范围

预案适用的对象、范围以及突发事件的类型级别等。

（四）应急预案体系

体系构成情况和应急预案之间的关系。

（五）工作原则

应急处置与救援工作的主要原则。内容要简明扼要、明确具体。

二、基本情况

组织或单位基本概况、风险源基本情况、周边环境状况及保护目标调查结果等。

三、风险源和风险评价

组织或单位的风险源识别及风险评价结果，以及可能发生突发事件的后果和波及范围。

四、组织机构与职责任务

（一）组织机构体系

应急组织形式、构成单位或人员，并尽可能以结构图的形式表示出来。根据组织或单位的规模大小和突发事件危害程度的级别，分级设置应急救援的组织机构，并尽可能以组织结构图的形式将构成单位或人员表示出来。

1. 应急指挥中心

组织或单位主要负责人担任指挥部总指挥和副总指挥，环保、安全、设备等部门组成指挥部成员单位。

2. 应急救援指挥机构

根据事件类型和应急工作需要，可以设置相应的应急救援工作小组。

（二）职责任务

明确应急救援指挥机构、总指挥、副总指挥及各成员单位的具体职责。明确突发事件发生、报告、响应、结束、善后处置等各环节的主管与协作联动部门以及应急准备、保障等参与部门的相应职责。主要职责如下。

（1）贯彻执行国家、当地政府和上级有关部门关于安全方面的方针、政策及规定；

（2）组织制订突发事件应急预案；

（3）组建突发事件应急救援队伍；

（4）负责应急防范设备如防护器材、救援器材、应急交通工具等的配置，以及应急救援物资的储备；

（5）检查、督促做好突发事件的预防措施和应急救援各项准备工作，督促、协助有关部门及时消除安全隐患；

（6）负责组织预案的审批与更新；

（7）负责组织外部评审；

（8）批准本预案的启动与终止；

（9）确定现场指挥人员；

（10）协调事件现场有关工作；

（11）负责应急队伍的调动和资源配置；

（12）突发环境事件信息的上报及可能受影响区域的通报工作；

（13）负责应急状态下请求外部救援力量的决策；

（14）接受上级应急救援指挥机构的指令和调动，协助事件的处理；

（15）配合有关部门对环境进行修复，进行事件调查、经验教训总结；

（16）负责保护事件现场及有关数据；

（17）有计划地组织实施突发事件应急救援的培训，根据应急预案进行演练。

五、预防与预警

（一）预防与应急准备

按照突发事件的类型，结合组织或单位的应急管理工作现状，分别描述预防突发事件发生采取的措施。

（二）监测与预警

1．信息监测

明确对危险源监控的方式、方法以及采取的预防措施。

2．预警行动

明确预警的条件、方式、方法。

3．联络方式

报警与通信的联络方式，主要包括：24 小时有效的报警装置；24 小时有效的内部、外部通信和联络手段；其他与应急管理全过程有关的利益相关方的联系方式。

（三）信息报告与处理

根据《国家突发安全事件应急预案》及有关规定，在制订预案时，要明确信息报告时限和发布程序、内容和方式。

1．内部报告

明确组织或单位内部报告程序，主要包括 24 小时应急值守电话、事件信息接收、报告和通报程序。

2．信息上报

当突发事件已经或可能会对人民群众生命财产安全造成影响时，明确向上级主管部门和地方人民政府报告事件信息的流程、内容和时限。

3．信息通报

明确向可能受影响的区域通报事件信息的方式、程序、内容。

4．事件报告内容

事件报告至少应包括事件发生的时间、地点、类型和现有情况以及采取的应急措施，危害范围，潜在危险程度，转化方式及趋向，可能受影响区域及采取的措施、建议等。

5．事件报告方式

以表格形式列出上述被报告人及相关部门、单位的联系方式。

六、应急响应

应急响应是指当突发事件的紧急状态达到响应级别时，启动应急预案，并实施应急救援的过程。应急响应是应急预案的核心内容，涵盖响应流程、响应分级、响应启动、响应程序、恢复与重建等具体内容。

（一）响应流程

明确应急响应流程及步骤，并以流程图表示。

（二）响应分级

根据突发事件的严重性、紧急程度、危害程度、影响范围，对应急响应进行分级，明确突发事件状态下的决策方法、应急行动程序和保障措施。

（三）响应启动

明确应急响应启动的条件和方式。

（四）响应程序

根据突发事件级别和发展趋势，描述应急指挥机构启动、应急资源调配、应急救援、后勤保障、扩大应急、应急状态解除和现场恢复等响应程序。具体包括：

1．警情与响应级别确定

接警并根据警情判断响应级别。

2．应急启动

（1）指挥中心人员到位；

（2）现场指挥到位；

（3）信息网络开通；

（4）应急资源调配。

3．展开救援行动

（1）工程抢险。

（2）警戒与交通管制。设警戒线的目的是保证应急处置工作的顺利开展及事后的原因调查。多层警戒线包括：

① 内围警戒线，范围确定要考虑现场危险源的威胁范围和事故事件原因调查的相关证据散落的范围；

② 外围警戒线，划定时以满足救援处置工作的需求为主要考虑的因素；

③ 三层警戒线，即在核心区和处置区之间设置缓冲区，作为二线处置力量的集结区域和现场指挥部所在地。

（3）医疗救护。在预案中，事先应该对医疗救护资源的布局、配置状况、配送方案及方法做好规划。

（4）人群疏散。疏散对象主要是直接处于危险境地的受害者、周围居民和路过人员。

在各类突发性事件中，在决定是否疏散人员的过程中，需要考虑的因素有：

一是是否对群众的生命和健康造成危害，特别要考虑到是否存在潜在危险性；

二是事件的危害范围是否会扩大或者蔓延；

三是是否会对环境造成破坏性影响。

预案在对人员疏散做规划时，应对疏散的对象、类型、条件、优先顺序、方式做出具体安排。

（5）环境保护。

（6）现场检测。

（7）专家支持。

4. 响应结束

编制预案时，应明确应急终止的条件。经"启动应急""执行救援"，使事态得到控制后，现场应急指挥部确认满足终止条件时即可向上一级应急指挥中心报告，下达终止指令。

终止条件。

（1）突发事件现场得以控制；

（2）环境符合有关标准；

（3）导致"次生"或"衍生"灾害隐患消除。

5. 信息发布（即公共关系）

该项应急功能主要涉及与公众和新闻媒体（媒体是信息发布的主要媒介）的沟通，向社会发布准确的事件信息、人员伤亡情况及已采取的措施。

突发事件发生后，能否"以妥善的方式发布信息，从而处理好公共关系"是挽回组织形象、重塑组织公信力的关键一环。

6. 善后工作

包括善后处置、社会救助、责任追究、后果评估等方面。

（五）恢复与重建

明确开展恢复与重建工作的内容和程序。

1. 恢复

就是使生产、工作、生活、生态运行恢复常态。例如，现场清理，公共设施恢复，安排人员重新进入和人群返回，组织恢复正常运行。

2．重建

就是对突发事件影响下不能恢复的状况进行重新建设，如汶川大地震后的援建。

七、应急保障

（一）队伍保障

预案要对健全机构、优选人员、明确职责、强化培训、提高技能等方面做好规划。

（二）经费保障

明确应急专项经费来源、使用范围、数量和监督管理措施，保障应急状态时应急经费的及时到位。

（三）物资保障

明确应急需要使用的物资和装备的类型、数量、性能、管理人员及联系方式等内容。

（四）通信保障

明确应急工作相关单位或人员的通信联系方式和方法，建立信息通信系统及维护方案，并提供备用方案，以确保应急期间通信畅通。

（五）其他保障

交通运输保障、治安保障、技术保障、医疗保障、后勤保障等。

八、监督管理

包括预案演练、宣传和培训、奖惩与责任。

（一）应急培训

明确安排组织或单位人员开展应急培训的计划、方式和要求。

（二）应急演练

明确应急演练的规模、方式、方法、频次、范围、内容、组织、评估、总结等内容。

（三）奖惩

明确应急工作中奖励和处罚的条件和具体内容等。

九、附则

一般包括预案名词术语解释、预案管理与更新、预案解释部门、预案实施时间等内容。

十、附件

各种表单和说明文件，如操作手册，指挥和机构组织结构图，应急预案中专用名词、术语、缩写语和编码的定义，应急部门通信方式，指挥部成员联系方式，人员疏散地图，资源位置图，紧急设备使用说明等。

第三节　应急预案编制的程序

一、应急预案编制的原则

编制应急预案时，总体上需要遵循全面性、准确性、灵活性和实用性四个原则。

（一）全面性原则

该原则体现在预案编制中要实现横向和纵向的全覆盖。横向上，预案类型要涵盖自然灾害、事故灾难、公共卫生、社会安全等所有类型的突发公共事件。纵向上，预案体系要覆盖国家总体应急预案、国家专项应急预案、国家部门应急预案、地方应急预案、企事业单位应急预案、重大活动应急预案六个层次。内容上，不仅要包括应急处置，还要包括预防预警、恢复重建，还要有应对措施、组织体系、响应机制和保障手段。

（二）准确性原则

该原则要求预案务必切合实际、有针对性，要根据事件发生、发展、演变规律，针对风险隐患的特点和部门应对的薄弱环节，科学制订和实施应急预案，预案务必简明扼要，具有可操作性。

（三）灵活性原则

预案不是一成不变的，要随着应急预案中应急目标、应急技术、调度方案等的变化不断修正。应加强预案动态管理，突出时效性。

（四）实用性原则

该原则关注预案的实战效果，应急预案的演练是将应急预案从理论推向实战的桥梁，可以检验应急预案编制的科学性、可操作性，也为不断完善预案、提高预案减灾功能提供了最佳途径，以真正达到检验预案、磨合机制、锻炼队伍的目的。

二、应急预案编制的具体程序

科学规范的应急预案编制流程可分为成立预案编制小组，资料收集，风险识别与评估，风险的分类分级，组织机构与具体职责，处置措施，应急能力评估，编制预案，应急预案评审、发布与更新，实施预案等具体环节。

（一）成立预案编制小组

由于突发事件的应急救援行动涉及不同部门、不同专业领域的应急各方，需要应急各方尤其是与危险直接利益相关方的密切合作，才能保证预案编制工作的科学性、针对性和完整性。应急预案编制小组一般应由有突发事件处置经验、相关专业知识背景以及在本单位本部门具有一定决策力的人员组成。

针对可能发生的环境事件类别，结合本单位部门职能分工，成立以单位主要负责人为领导的应急预案编制工作组，明确预案编制任务、职责分工和工作计划。预案编制人员应由应急指挥、环境评估、环境生态恢复、生产过程控制、安全、组织管理、医疗急救、监测、消防、工程抢险、防化、环境风险评估等各方面的专业人员及专家组成。

预案编制小组成员确定后，要确定小组领导，明确编制计划原则，为召开工作会议做准备，保证整个预案编制工作的组织实施。

（二）资料收集

应急预案编制工作组收集与预案编制工作相关的法律法规、技术标准、应急预案，国内外同行企业事故资料，同时收集本单位安全生产相关技术资料、周边环境影响、应急资源等有关资料。

（三）风险识别与评估

此阶段，需要应急预案编制小组分析生产经营单位存在的危险因素，确定事故危险源；分析可能发生的事故类型以及后果，并指出可能产生的次生、衍生事故；评估事故的危害程度和影响范围，提出风险防控措施。

1. 风险识别的主要工作

包括识别风险源、对风险源进行分类以及对不同类别风险源进行风险级别评估。

2. 风险识别的程序

包括编制风险清单、风险描述、风险筛选三个主要步骤。

通过现场调查、文献材料、专家头脑风暴以及研究已有突发事件案例等方法详尽列出本区域可能存在的风险源，编制风险清单（风险损失清单越详细完善，越能全面识别本区域可能面临的风险）。在此基础上，具体描述每一风险类型、发生位置、时间、原因、影响因素、影响形式、影响对象、致灾因子、承载体的状况、风险源和潜在后果等方面。

风险识别与评估范围应涵盖自然灾害、事故灾难、公共卫生和社会安全四大类突发事件，根据风险固有属性、致灾因子和孕灾环境的自然特征、受影响对象（人群、区域、设备设施、政府与社会组织）的风险承受与控制能力来综合确定灾害发生的可能性和严重性。

风险识别阶段重点考察的因素涉及区域地理、人文（包括人口分布）、地质、气象等信息；单位功能布局（包括重要建筑保护目标）及区域交通情况；重大危险源的分布情况及危险物质的主要种类、数量、属性等情况；危险物质运输路线分布；特定时段的风险因素（如重大节日活动安排、娱乐活动集会等）；区域主要社会矛盾及可能引发社会安全类事件的类型、后果影响分析。在此基础上，结合风险识别的具体目标和范围，比较现有评估指标，进一步筛选出主要风险类型。

（四）风险的分类分级

根据突发事件确定的科学分级标准，按照各类突发事件性质、严重程度、可控性和影响范围等因素，一般将风险等级分为 4 级。

影响突发事件风险等级分类的因素很多也比较复杂，但从客观和主观两方面来看，主要涉及以下因素。

（1）事件影响范围，包括地域因素、危害覆盖面积大小等；

（2）危害程度，包括对物质、人员、环境等因素的危害；

（3）扩散要素，包括自然因素以及风险扩散的传输渠道等；

（4）时间因素，发生的特定时间点以及持续的时间长短均可能扩大风险的影响程度和范围；

（5）认知程度，依赖于对突发事件发生机理、处置机理的研究程度，与风险等级成反比关系；

（6）社会影响程度；

（7）公众心理承受力，公众心理承受力越高，风险等级越低，反之则相反；

（8）资源保障程度，保障越充分，风险系数越低，反之，风险等级增加。

（五）组织机构与具体职责

应急预案必须明确指出突发事件事前、事发、事中、事后，谁来做，怎样做，做什么，何时做，用什么资源做。概而言之，需要明确以突发公共事件应急响应全过程为主干线，明确突发公共事件发生、报警、响应、结束、善后处置等环节的主要负责部门与协作部门；以应急准备及保障机构为支线，明确各参与部门的职责。组织体系应涵盖处置主责单位、次生灾害与衍生灾害处置相关单位以及本区域以外能提供援助的有关机构、政府和企业在事故应急中各自的职责。需详细列举责任部门、责任人和他们的具体责任，确保应急中所有部门都有明确任务与职责，并且确保机构间的职责与任务没有重叠。

（六）处置措施

应急预案的处置措施或方案是预案的核心，决定整个应急救援行动的成败。处置措施或方案应遵守快速反应、统一指挥、属地为主、条块结合与灵活机动的基本原则。处置措施应覆盖预防准备、监测预警、信息报告与发布、指挥控制、资源保障、恢复重建等整个应急过程，明确每个阶段的具体处置方案。

（1）预防准备措施侧重日常管理活动中的风险排查与识别，增强风险意识与安全教育等方面。

（2）监测预警措施主要包括信息监测与报告、预警预防行动、预警支持系统、预警级别及发布等具体方案。

（3）信息报告方案涉及对上级政府与部门、对内各平行职能部门以及对社会信息公开等方面的具体措施，要做到对上及时报告、对内快速实现信息共享、对外及时发布新闻。信息发布途径应多元化、立体化并及时滚动更新，坚持"快报事实、慎报原因"的发布原则，并充分利用新媒体资源的信息传播优势。

（4）指挥控制环节重点要做好紧急疏散、先期处置、居民安置、社会动员、统筹协调等具体方案。

（5）资源保障阶段需要明确资金保障、物资保障、技术保障、通信保障、治安保障、应急队伍保障、社会动员保障、医疗卫生救援保障等保障环节的具体方案。

（6）恢复重建阶段方案侧重善后处置、社会救助、心理恢复、保险理赔、责任追究、司法救济、事故调查报告和经验教训总结及改进建议等具体措施。

应急处置方案制订可以借鉴已经发生的突发事件的具体处置案例办法、国内外突发事件应急处置的一般行动方案，以及其他类型预案中对处置措施的规定等方面，结合本区域本部门自身实际情况制订具体的应急处置方案。

（七）应急能力评估

在全面调查和客观分析生产经营单位应急队伍、装备、物资等应急资源状况基础上开展应急能力评估，并依据评估结果完善应急保障措施。有效的预案需要以一定的资源保障为支撑，没有足够资源支撑的预案是假预案、空预案。这就需要在预案编制之前对本区域、本单位或组织已拥有的或可以调动的全部应急资源状况进行摸底和评估。

在应急能力评估方面，需要重点分析：根据风险识别和评估所筛选出的主要风险类型，开展有效的应急管理需要哪些应急资源；本辖区内目前拥有哪些资源；这些资源分布的情况如何；现有的资源分布与应急管理需求的关系是短缺还是过剩；与相邻地区、部门签订互助协议以及与社会专业服务机构、物资供应企业等机构签订互助协议情况是否完备有效。

应急资源是预防和处置突发事件所需的全部要素，包括应急队伍（人）和应急设备（物）两大方面，是构成区域应急能力的核心因素。应急队伍主要由专业基本力量、骨干突击力量以及社会辅助力量三大块构成。应急设备包括通信联络设备、个体防护装备、消防设备、医疗服务机构、交通系统状况评估、危险监测系统设备评估、事故控制与现场救援设施装备评估、现场管制设备供应评估等方面。

（八）编制预案

在完成成立预案编制小组、资料收集、风险识别与评估、风险的分类分级、组织机构与具体职责、处置措施以及应急能力评估的主要工作后便进入正式的预案编制环节。应依据生产经营单位风险评估以及应急能力评估结果，组织编制应急预案。应急预案编制应注重针对性、系统性和可操作性，做到与相关部门和单位应急预案相衔接。

在编制过程中需要注意的内容有：

第一，预案内容及文字要简洁明了，内容的提炼、归纳和总结要言简意赅，尽可能减少应急预案中过多的处置程序文字性描述，改用程序流程图代替，突出针对性和可操作性，让人一看就清楚如何做、用什么做、谁负责。

第二，预案编制重点要体现在组织机构职责及处置措施等方面，体现实用性，增加风险识别环节的分析描述，突出危险目标、危险因素和处置措施；尽可能将应急响应程序具体化和可操作化，将各种应急救援处置任务落实到具体对应的部门或责任主体。

第三，关注程序流程图的使用，将应急救援过程中的各个响应环节合理有序地组合，明确应急准备、应急响应、信息报送、现场处置、善后环节等各个阶段的响应流程和措施，第一步做什么、如何做，第二步做什么、如何做等，以流程的形式将事件发生、分级等情况标示清楚。

第四，将危险源分析、风险类型与级别、预警流程、重点工作部门与岗位、响应程序、现场处置措施、应急装备和物资清单、联系方式等内容以图表罗列的形式反映出来，改变纯文字长铺直叙的表达方式，便于在应急状态下的快速查阅使用，一目了然。

此外，针对目前预案体系同质化现象严重，各层级预案版本、内容大同小异的实际状况，预案的编制还需坚持差异性和动态性原则。应结合本单位或组织的主要风险类型和级别、发生的可能性和危害程度、应急资源储备状况，实现预案内容的差异化，符合单位和组织应急管理的实际需求。

一般而言，省、市级预案侧重总体把握，明确一般流程和处置原则，体现法规性和一般指导性作用。而基层预案或组织的专项预案则更侧重于体现先期救援和处置的特点，针对区域主要风险源，明确先期应急准备、应急响应、先期处置、信息报告、应急保障、善后处置等系列环节的责任主体、具体措施等细节内容，突出针对性和可操作性。

（九）应急预案评审、发布与更新

应急预案编制完成后，需要对其进行评审。评审分为内部评审和外部评审，内部评审主要由生产经营单位主要负责人组织有关部门和人员进行。外部评审由生产经营单位组织外部有关专家和人员进行。应急预案评审合格后，由生产经营单位主要负责人（或分管负责人）签发实施，并进行备案管理。企业单位应根据自身内部因素和外部环境的变化及时更新应急预案，进行评审发布并及时备案。

评审周期分定期（如一年）和不定期两种。不定期评审主要由培训和演习中发现的问题、重大事故灾害的应急经验与教训、国家或地方有关应急法规发生变化、本地区（单位或周边）危险源及环境的变化等相关因素影响决定是否需要及时修订预案。

应急预案评审采取形式评审和要素评审两种方法。形式评审主要用于应急预案备案时的评审，对应急预案的层次结构、内容格式、语言文字、附件项目以及编制程序等内容进行审查，重点审查应急预案的规范性和编制程序。要素评审用于生产经营单位组织的应急预案评审工作，具体包括危险源辨识与风险分析、组织机构及职责、信息报告与处置和应急响应程序与处置技术等关键要素，侧重从合法性、完整性、针对性、实用性、科学性、可操作性和衔接性等方面对应急预案进行评审。应急预案评审采用符合、基本符合、不符合三种意见进行判定。对于基本符合和不符合的项目，应给出具体的修改意见或建议。

（十）应急预案的实施

预案批准发布后，企业单位组织落实预案中的各项工作，进一步明确各项职责和任务分工，加强应急知识的宣传、教育和培训，定期组织应急预案演练，实现应急预案的持续改进。

应急演练是检验应急预案体系针对性、完备性和可操作性的最好方式，既可以强化相关人员的风险意识，提高其快速反应能力和实战水平，又能暴露应急预案和管理体系中的不足。应急演练有桌面演练、功能演练和全面演练三种主要类型。

桌面演练又有桌面推演、指挥部演练、联合指挥部演练三种不同形式，一般是指由应急指挥的主要成员参加，按照预案的流程和标准，讨论突发应急状态下如何化解和处置风险的演练活动。桌面演练的特点是对演练情景进行口头演练，一般仅限于有限的应急响应和内部协调活动，多在会议室举行，调动资源较少，成本较低，主要目的是锻炼参演人员解决问题的能力和应急联动部门间相互协作、职责划分的问题。

功能演练主要是针对应急响应功能，重点检验参演人员以及应急体系的策划和响应能力。例如，指挥和控制功能的演练，主要是检测和评估不同政府部门在应急状态下实现快速反应、部门联动、资源整合的响应能力。一般在若干应急指挥中心或现场指挥部举行，也可同时开展现场演练，调用有限的外部应急资源。

全面演练可以较全面地检验预案中全部或大部分应急响应功能的运行情况。全面演练一般持续时间较长，多采用交互方式进行，有条件的还可以运用应急仿真演练系统进行实战性演练。应急仿真演练系统通过对各类灾害数值模拟和人员行为数值模拟的仿真，在虚拟空间中模拟人突发事件发生、发展的过程，以及人们在事件环境中可能做出的各种反应，以此来训练各级决策与指挥人员、事故处置人员，发现应急处置过程中存在的问题，检验和评估应急预案的可操作性和实用性，提高应急能力。全面演练一般重点检验应急过程中应急动员时的预警监测、人员预警与人员撤离、通信保障、指挥、协调与控制、部门联动与不间断运转、应急公共信息发布与危机沟通等环节。

第三章　突发事件的应急救援运行机制

第一节　预防准备机制

预防准备机制是指突发性事件发生前，为了防范突发性事件发生和保障防控工作的开展，对突发性事件进行预控的行为规程。由于突发性事件的非常规性和不确定性，仅仅依靠潜伏阶段、回应阶段以及恢复阶段的防控工作难以降低或者消除危害。因此，必须通过预防准备机制，将应急管理关口前移。

一、法规制定

应急救援法规是指调整突发性事件过程中各种法律关系的制度总和。目前从总体分析，我国初步构建起了以宪法为根据，以《中华人民共和国突发事件应对法》为核心，以相关制度规范为支撑的应急管理法律体系，体现了我国应急管理法制建设的成就。具体来说，从横向看，建立了应对自然灾害类、事故灾害类、公共卫生事件类以及社会安全事件类突发性事件的专项法规。从纵向看，各级政府和职能部门又根据这些法律、法规颁布了一系列适用于本部门和本地区的制度规范，初步形成了一套从中央到地方的专项法律规范体系。

与此同时，我国应急法规体系方面还存在着一些较为突出的问题。一是法规内容的可操作性不强，难以有效整合应急资源。一方面，法规内容原则性较强，缺少具体的实施细则、实施办法，尤其是针对应急救援运行程序的法律规范严重不足；另一方面，虽然国家初步形成了"统一领导、综合协调、分类管理、分级负责、属地管理"为主的应急管理体系，但在应急管理过程中主体的具体权限和职责没有以法制化的形式明确规定，从而使应急救援工作难以有效整合各种应急资源，影响了应急管理的效率。二是存在立法空白，应急管理工作缺乏有效支撑。对于比较严重的突发性事件，虽然我国《紧急状态法》等法规中都作出了相关规定，但是还没有一部能够统一规定所有紧急状态下政府行为的职责和权力的"紧急状态法"，使防控突发性事件的法规缺乏统一性和适应性。三是应急法规关于参与主体的权利保障没有完善的规定。一方面，应急管理中必然会影响利益相关者的权利，然而我国的应急法规并没有对相关的权利保障作出全面规定；另一方面，尽管《突发事件应对法》规定了事后返还或补偿，但对补偿的标准、方式、主体等内容都未明确规定。

根据以上存在的问题，未来我国应急法规的制定，需要本着法治原则、合理原则、公平原则以及保障原则进行，以此为突发性事件的防控提供科学、权威、统一、规范的制度保障。具体来说：首先，以《突发事件应对法》为基础，进一步加强和完善应急管理的立法工作。根据价值位阶原则，分别对现有应急法规进行必要的废止、修改和补充，解决不同层次之间以及同一层次内应急法律规范之间的不协调和不统一的现象，以增强应急法规的系统性和有效性。其次，结合我国应急法规的特点，弥补立法领域的立法空白。根据应急管理工作的需要，可以从程序性法规和非程序性法规两个立法领域进行。前者应该以单行性的应急法规为基础，出台相关实施细则予以细化。后者主要基于宪法的原则和授权制定应急管理法规，将其纳入宪法的调整范围，明确相关应急法规在我国法律体系中的地位和作用，以此协调紧急状态时期公民权利和政府权力间的关系。最后，完善应急法规中的权利救济制度。一方面，在应急法规中明确人权保障条款，通过完善问责制度，规范公权力行使的程序和空间，从而最大限度地保障公民的基本权利；另一方面，构建可操作性的补偿制度，完善补偿过程中的司法参与机制和协商机制，使补偿水平既能适应对突发事件的需要，又能够保护个人的合法权益。

二、预案设计

应急预案是针对可能产生的突发性事件，为保证迅速、有序、有效地开展应急救援行动，通过调查和分析，针对突发事件的性质、特点和可能造成的社会危害，制定一系列的行动方案。应急预案是衡量应急管理能力的重要标准，也是区分现代应急管理与传统应急管理的重要标志。制定预案的目的是增强应急决策的科学性，明确应急管理主体的责任，提高处置效率。从应急预案的特征和功能来看：一是应急预案具有针对性，根据突发性事件的类型和级别制定出不同的应急预案；二是应急预案具有科学性，应急预案的制定必须在经过科学论证的基础上确定方案，在实战演练中检验预案，在科学决策的基础上采取行动；三是应急预案具有可操作性，应急预案的主要目的就是在突发性事件发生后能按照预案进行力量部署、采取处置措施、组织开展实施，将突发性事件损失控制在最低程度；四是预案具有适应性，应急预案应经常检查修订，不断总结应急救援的经验教训，提出改进应急救援工作的建议，以保证科学和先进的应急方法和措施被采用。

应急预案的内容和管理还存在着一定的缺陷。一是应急预案的具体性不足。很多地区和部门制定的应急预案往往原则性的表述太多，操作性的内容太少，难以在具体的实践中发挥规范性作用。二是应急预案之间兼容性不强。目前多数应急预案只是建立了一种总体性规范，应急预案级别之间、应急预案类属之间以及同一类别内部和同一层级内部各行动方案之间面临着很多兼容性问题。三是应急预案的可操作性有待提高。一方面，很多预案多侧重于理论层面的设计，没有进行有计划、有步骤的演练工作，造成了很多应急预案缺乏实践的检验；另一方面，低阶应急预案编制程序和编制方法上对高阶预案的过度仿效，导致这些预案的具体性和针对性被严重削弱。

通过以上分析，我国各级与各类应急预案的设计应向规范化、体系化以及科学化方向发展。一是加强应急预案体系的规范化建设。各级政府和部门通过制定应急预案的程序规则，为各级和各类应急预案的编制提供了流程、标准以及技术的统一指导，使得不同地区和不同部门的应急预案能够有机衔接。二是加强应急预案的体系化建设。政府要加强多领域、多层面以及系统内预案之间的整体协调，基本确立以国家总体应急预案为核心，以国家专项应急预案、国家部门应急预案、地方应急预案、基层单位应急预案和大型活动应急预案为依托的协同应急结构。三是强化应急预案的演练工作。通过定期进行应急预案演习演练，使应急演练工作常态化；将应急演练纳入政府政绩考核中，实现应急演练的制度化；定期对应急演练进行评估，根据演练检验的结果定期和不定期地修正预案，实现应急预案的动态化。

三、保障能力

应急救援是一项时间紧、任务重的工作，要使应急救援运行机制高效、顺畅以及灵活，必须建立有效的保障平台来统揽全局，一方面，建立"召之即来、来之能战、战之能胜"的应急救援力量，为应急管理建立队伍保障；另一方面，筹措和储备应急资金和救援物资，为应急管理建立资源保障。

（一）队伍保障

目前我国的应急救援队伍主要由三部分构成：一是公安、抗震救灾、防汛抗旱、海上搜救、森林消防、医疗救护、铁路事故救援、核应急、矿山救护等专业队伍为支撑力量。二是解放军、武警部队以及民兵预备役等武装力量组成的突击力量。三是公共服务部门、企事业单位、非政府组织以及志愿者组成的辅助力量。虽然这种应急救援力量形式在一定程度上保障了政府的主导性和救援的统一性，但也存在着弊端。首先，应急救援力量分部门、分灾种、分系统组建造成协调性差，既缺乏自下而上的纵向对话协商机制，又缺乏跨区域、跨部门、跨行业的横向联动协调机制。其次，社会性救援力量还不是应急救援行动的制度化主体，难以有效整合社会救援资源，甚至造成应急救援管理失序、盲目参与等不良现象。最后，军地分割造成联动响应乏力，地方救援力量和武装救援力量在平时的应急演练以及应急处置中难以有效地衔接，使应急救援工作缺乏整体合力。

基于以上分析，完善我国应急救援力量应从三方面着手：一是建立和完善横、纵双向的救援机制。一方面，建立跨部门、跨行业、跨区域的横向资源共享机制，在应急救援中明确"谁拥有资源、谁提供资源、谁使用资源"等环节，使各部门、各行业、各区域建立起战略资源的协作关系；另一方面，建立分级负责、重心下移的应急处理机制，根据"属地管理"和"就地消化"原则，改变过分依靠上级决策带来的潜在风险。二是为社会力量参与应急救援工作创造客观环境和条件，一方面，通过完善政策网络工具和法律支撑体系明确参与主体之间的协同与配合关系，充分发挥社会救援力量的核心优势，形成高度组织化和制度化的应急救援网络；另一方面，创新政府与企业合作模式，通过建立以政府为主导、市场化运作的应急救援模式，激发市场主体参与应急救援的积极性与创造性，实现服务主体的多元化和服务价值的社会化。三是构建军地一体的应急保障机制。一方面，建立健全军地联合处置的预案，对部队在应急任务中可能出现的各种情况作出科学的估价和预测，使军地联合处置由粗放型向精确化转变；另一方面，定期开展军地联合演练，对军队参与应急救援进行专业培训，提升军地合作的执行力和协调性，实现各种救援力量优势互补。

（二）资源保障

应急保障作为加强防灾减灾工作的重要支撑，充分利用各地区、各部门、各行业的减灾资源，加强国家综合减灾管理体制和机制建设，加大减灾投入力度，加强抗灾救灾物资储备体系建设，加强减灾科技支撑能力建设。从资源保障的构成来看，一方面，建立健全应急物资保障制度，完善应急物资的储备、采购、调拨以及配送体系；另一方面，完善应急资金管理制度，确保应急资金的划拨、筹集和使用的合理性及有效性。

应急物资是确保应急管理的物质基础，建立健全应急物资保障制度是有效应对突发性事件的必然要求。对于我国而言，要在结合实际国情的基础上，构建起科学和合理的应急物资保障体系。一是科学分析应急物资的需求。在横向上，既要考虑专业性应急物资和后勤补给的需要，又要保证一般性生活物资和自救物资的需要；在纵向上，根据不同层次的应急物资需求，以国家、省、市、县四级为核心制定应急物资储备预案。二是完善应急物资储备管理制度。一方面，合理规划应急物资储备的格局，在进行科学分类的基础上，确定各地区和各行业应急物资储备的规模和结构；另一方面，完善应急物资的采购制度，提前与相关市场主体（超市、企业等）制定价格规范，避免应急成本的增加。三是制定平战结合的物资调拨制度，发挥国防物资动员的优势，建立应急和应战统一的物资调度平台。四是建立应急物资配送体系，加快建立应急救援的绿色通道制度，精简应急物流运输工具的申请程序，设置一个合理的应急交通系统控制中心。

目前，我国应急资金的来源主要由三部分构成：政府拨款、相关保险以及社会捐助。其中，政府拨款是应急财政保障的基础，少量来自社会捐助，相关保险尚未充分发挥应有的作用。因此，我国应急资金的保障主要从应急资金筹集和应急资金的使用上着手。从应急资金的筹措看，建立多元化的应急资金来源渠道。首先，将应急资金纳入政府预算，在科学评估的基础上，确定应急资金在各级政府预算中的规模，使应急资金的保障制度化。

其次，进一步完善应急资金的筹措渠道，一方面加强对基金组织和救助团体的监管，提高社会捐助的积极性和主动性；另一方面通过增设福利项目（如福利彩票）吸收社会闲散资金用于应急救援中。最后，运用市场化手段，建立灾害保险融资体系，通过建立保险基金，由政府和市场分摊经济损失，提高我国应急管理的财政保障水平。从应急资金的使用来看，加强应急资金保障监管力度。一方面，实现全过程和全方位的监管。监督过程要贯穿应急资金的筹集、划拨、使用以及反馈全过程，将各种来源和用途的应急资金全部纳入监管制度，真正做到横向到边、纵向到底、全面有效。另一方面，构建内外协同监督体系，将自我监督、职能监督（纪检监察、审计等职能部门）以及社会监督相结合，形成监管的合力，及时发现和纠正应急资金管理中的问题。

第二节　监测预警机制

一、监测预警

一般而言，监测预警是一个广义的概念，在此概念下包含了监测与预警的内容。联合国发布的《有效预警的指导原则》中提道：预警的目标是赋予受灾难或其他危险因素威胁的个人及其社区力量，使其能够有充足时间，以适当方式采取行动，减少个人伤害、生命损失、财产或周边脆弱环境受到破坏的可能性。监测预警主要指从突发性事件监测到研判，并根据研判制定预警决策，进而发出预警警告的过程，其目的是化解危机或缓解危机带来的损害。从具体内容来看，监测预警机制主要涵盖了两方面的内容：一是在突发性事件发生前对诱发因素进行及时、动态以及持续的监测，收集相关的信息和数据，进而作出分析和评估的过程；二是在对突发性事件监测之后，根据研判的结果确定预警级别、发出相关信息，进行预控的过程。监测和预警是相辅相成的，一方面，监测是预警的前提和基础，通过监测研判的结果为预警提供科学的依据；另一方面，预警是监测的目的和结果，只有通过有效的预警才能把研判的结果传递给应急管理的主体。从监测预警功能来看，监测预警作为应急管理的第一道防线，它既是监测社会系统运行的警报器，也是应急管理的前提和基础，具体包括两方面功能：一方面，及时收集和发现引发突发性事件的信息，利用一定的技术和手段对收集到的信息进行分析，然后作出准确的预测和判断；另一方面，及时发出预警信息的建议，让政府和公众采取有效的应对措施。

二、构建监测预警机制的原则

建立和完善我国监测预警机制，需要根据一定的原则，明确监测预警的程序和规则，构建起科学和合理的监测预警机制，以充分保证监测预警活动有效进行。具体来说，构建的监测预警机制应遵循的基本原则有：科学性原则、系统性原则、动态性原则、时效性原则以及参与性原则。

（一）科学性原则

科学性原则指的是运用科学的理论和技术，评估突发性事件的性质、类别以及影响，并按照科学制定的程序提出防控措施。科学性原则要求不仅在预警信息收集和传递上要真实可靠，而且预警指标的设计、危机信息的分析、预警系统的运行以及预警效果的评估也均要符合规范化的要求。

（二）系统性原则

系统性主要是指监测预警是一个有机的系统，它是由多个子系统组成的，各子系统之间相互联系，相互作用，指标管理子系统、信息收集子系统、数据管理子系统以及专家评估子系统既具有程序上的连续性，又具有功能上的依存性，共同构成了一个相互联系和相辅相成的有机体系。

（三）动态性原则

一般而言，突发性事件所处的环境是复杂多变的，监测预警过程中不仅要求快速收集和识别环境信息，而且还要对复杂多变的信息作出科学的判断，因此，监测预警机制必须符合动态性原则。具体而言，一方面要对设备、技术等硬件系统进行及时的更新，以保证监测预警的真实性和可靠性；另一方面要从软件系统上对基本理念、指标体系、组织架构等进行适时调整、修正和完善，力求与应急管理需要保持一致。

（四）时效性原则

时效性指监测预警活动的反应速度要灵敏。突发性事件通常都具有突发性、危害性和复杂性等特点，突发性事件的演变过程往往带有不确定性。如果监测预警不能够保证其预见力和反应速度，那么它也就失去了存在的价值。因此，突发性事件一旦发生，我们必须保证信息收集、警情研判以及预控措施的准确性和快速性。

（五）参与性原则

参与性原则主要是指监测预警参与力量的多元化。突发性事件不是一个机构能够单独预测和处理的，需要有利益相关者的广泛参与。参与性原则要求政府及其相关部门加强与利益相关者的联系，全面调动多方面的参与热情，形成监测预警的多元化、立体化与网络化，从而提升信息收集、警情监测和危机预控能力。

三、我国监测预警机制的构建

监测预警是应急管理的前哨，是反映社会稳定的指示器，也是有效防范和控制突发性事件的前提和基础。根据监测预警的基本原则，构建起科学和合理的监测预警机制，为监测预警提供新的思路和方法，有助于我们正确把握监测预警的程序和规则，这对于我国有效防控突发性事件，不仅具有重要的理论意义，而且还具有现实的实践价值。如果从静态分析，监测预警机制就是一个由组织架构、运作过程以及支撑系统组成的"工"字形结构。

（一）完善监测预警机制的组织设计

从组织架构来看，监测预警机制的组织设计主要是由领导小组、预警部门、情报部门以及执行部门组成。

领导小组是监测预警的决策中枢。应急管理领导小组应由行政首长担任，从而确保对应急资源进行有效的调配。领导小组的成员应该由政府职能部门的领导组成，以实现监测预警的权威性和操作性，进而防止运行不畅的问题出现。领导小组的主要职责是制定应急措施、调配应急资源以及协调应急行动。同时，领导小组也要吸纳社会智库成员，将那些掌握专业知识的专家和学者吸纳进来，从而成为监测预警中的顾问团。

预警部门是监测预警的管控中枢。它主要负责两方面的工作：一方面，作为预警信息研判和评估的中心，利用信息管理子系统和专家评估分析子系统，完成信息处理、警情分析以及政策评估的流程，并对监测预警的全过程进行有效监管；另一方面，作为监测预警的协调中心，主要负责协调政府与社会组织、企事业单位以及广大民众的关系，负责预警信息及时和有效传递，实现政府与社会的有效沟通，从而减少应急管理的阻力。此外，协调政府和社会的关系还能够更全面地了解社会动态，保持信息沟通渠道的顺畅，促进各种社会力量转化为应急管理的积极因素。

情报部门是监测预警的前哨。它主要利用信息收集子系统和指标管理子系统，负责制定信息收集方案，筛选和汇总信息，并对信息进行初步分析，提出具体的建议。预警信息主要来源于政府部门、企事业单位、其他主体（下级政府、大众媒体、社会公众等），同时，还包括执行部门的信息反馈。由于监测预警信息具有动态性、多样性、复杂性以及模糊性等特点，这就需要情报部门必须具有专业化的人员，设置科学的信息收集程序以及合理的收集渠道。

执行工作是监测预警活动的落脚点。执行部门主要执行既定的预警方案，并将具体任务落实到相关部门和人员上。与此同时，根据执行过程中的实际情况，还要及时将相关信息反馈到情报部门和预警部门，使监测预警活动能够适应环境的变化或纠正信息的偏差。执行部门对于监测预警而言是至关重要的环节，其过程的质量主要由执行部门反映。一旦发现问题，需要将信息上报到相关部门，及时调整预警计划。

（二）构建监测预警的支撑系统

最有效的监测预警系统需要融入所有子系统。构建合理的支撑系统，能够有效支持监测预警组织的运作，具体包括指标管理子系统、信息收集子系统、数据管理子系统、专家评估分析子系统。

1. 构建指标管理子系统

构建指标管理子系统的前提和基础是必须明确界定突发性事件的范围和种类，即只有那些可能威胁到社会秩序、需要公共部门采取措施的社会风险，才能构成评估的对象。指标管理子系统具体包括两方面内容：一方面，指标体系的设计。依据科学的方法，需要经过专家反复论证形成反映社会安全运行状况的一套敏感指标。另一方面，指标体系的维护。通过监测预警研究和实践的深入，需要对原有指标体系的数量、内容及权重等进行不断修正。

2. 构建信息收集子系统

信息采集子系统主要具有三方面的功能：一是围绕指标管理系统，建立起能够适应指标体系的专门信息采集渠道，以保证信息采集的畅通性和可靠性；二是收集与监测预警有关的政治、经济、社会和技术等各方面的信息，并对信息进行整理、统计、辨伪和更新；三是通过对能反映警情和特征的预警指标的分析，选取对未来变化有影响的因素，从中找出关键信息。

3. 构建数据管理子系统

突发性事件监测预警指标体系必须通过丰富的数据才能发挥作用。但是由于信息收集子系统所获取的数据量非常庞大，从而需要借助计算机来构建起数据管理子系统。该系统由数据模块和分析模块构成。数据模块的任务是完成数据的录入、分类、储存和更新。分析模块由变量选择模块、变量权重模块、变量评价模块以及变量预测模块等四部门组成，主要任务是代替人脑完成大量的和复杂的数据处理工作。

4. 构建专家评估子系统

进入专家分析子系统的人员，应当是预警指标所涉及知识领域的资深研究人员和富于实践工作经验的工作人员，其专业背景和知识结构能够覆盖整个预警指标体系所涉及的知识范围。专家分析子系统主要负责两方面的任务：一方面，监测评估，在收集较为全面的信息后，对突发性事件的发生概率、发生时间、持续状况、风险后果、风险程度等作出评估；另一方面，趋势预测，根据发生突发性事件的各种因素和表象进行监测，从而预测危机事件的演变趋势，为应急管理主体科学防控突发性事件提供决策的依据。

（三）完善监测预警的运作流程

科学的监测预警运作流程是有效防控突发性事件的重要环节。监测预警运作流程的设计，应以情报部门（指标管理系统和信息收集系统）为基础，以预警部门（数据管理系统和专家分析系统）为重点，以领导小组为核心，以执行部门为落脚点。从过程上可以把突发性事件的监测预警机制分为监测流程、评估流程和发布流程三部分。

1. 监测流程

监测流程是对可能引发突发性事件或者导致突发性事件变化发展的因素进行实时和有

效的监测，获取必要的监测数据，它是保证监测预警系统正常运行的前提。在这个阶段，应该从两方面着手：一方面，通过指标管理子系统，做到信息收集的及时性和规范性，以确保评估工作的快速性与合理性；另一方面，借助信息收集子系统，保证信息来源的原始性和多样化，原始性可以减少信息的不对称性，以减少错误判断的出现，多样化的来源能够保证信息收集的充分性，从而增强评估的权威性。

2．评估流程

评估流程是对信息收集子系统采集的数据进行归类和汇总，并通过数据管理系统和专家评估系统对未来可能发生的危机类型及其警情级别作出估计，它是监测预警的关键。通过评估流程的运作，能够识别诱发危机的危险源，以掌握突发性事件发展的微观动向。同时，能够科学评估危机管理的薄弱环节以及外界环境中的不确定性因素，提前采取必要的预防措施，努力确保在组织的薄弱环节上不会出现危机。

3．发布流程

发布流程主要涉及预警决策和预警执行两方面的工作：预警决策是根据监测流程获取的信息，并且根据评估流程提出的建议，结合事件特点与决策规范制定和实施计划的过程；预警执行是根据既定的方案，落实到具体单位和人员实施，同时反馈执行情况与危机信息，从而能够适应环境变化和纠正评估偏差。具体来说，首先，加强信息发布的规范管理。一方面，明确发布的主体，发布部门要根据政府授权的预警级别分级发布，其他任何组织和个人不能发布；另一方面，细化信息发布的标准，明确预警信息的级别和类别、影响程度以及起始时间等，提高预警信息的科学性和有效性。其次，完善预警信息的发布渠道。一方面，充分发挥大众媒介和通信企业的作用。大众媒体以及电信企业要严格按照政府的要求向民众公布预警信息；另一方面，推进国家应急广播体系建设，提高预警信息在偏远地区和重点地区的传播能力。最后，根据预警信息，及时采取有效措施。具体包括立即启动应急预案，实时监测预警和更新预警信息，及时调配救援队伍应急资源，加强对重点设施、重点人员、重点场所的监控等。

第三节　决策处置机制

一、决策处置

决策处置是突发性事件发生后，应急管理部门根据其性质、类别、等级以及危害程度而采取的应急措施，主要包括快速选择应急方案、组织相关部门、调动应急资源、进行信息管理等。决策处置机制既是突发性事件管理工作的重要职能，也是应急管理运行机制的核心环节。当突发性事件发生后，能否及时和有效地进行预控，最大限度地减轻突发性事件的影响，确保社会公众的生命、财产的安全，决策处置机制至关重要。同时，它也是考验各级党委和政府依法行政能力的重要标志。具体而言，决策处置机制有四方面的特点：一是目的性，决策处置机制的直接目的是避免和减轻突发性事件造成的不利影响，尽快恢复正常的社会秩序；二是主导性，决策处置机制的核心是政府部门，政府掌握着大量的社会资源，具有其他组织或个人无法比拟的社会动员能力；三是专业性，决策处置机制既需要科学决策的支撑，也需要专业救援力量的保障；四是社会性，决策处置机制是为了维护社会利益，同时也需要社会力量的参与。从决策处置工作的开展来看，随着我国各类突发性事件的不断增多，我国应急管理在应对步骤、工作程序以及经验积累等方面的能力不断提高。

二、构建决策处置机制的原则

《国家突发公共事件总体应急预案》中规定了六项基本原则：以人为本，减少危害；居安思危，预防为主；统一领导，分级负责；依法规范，加强管理；快速反应，协调应对；依靠科技，提高素质。这些基本原则主要针对突发性事件的预防和处置。结合决策处置的特征，决策处置机制应具有以下原则。

（一）以人为本原则

在突发性事件决策处置过程中，应急管理往往面临着多重的价值选择。因此，我们要坚持"以人为本"的原则，必须把保障人的基本生存条件和挽救人的生命作为应急救援的首要任务。同时，由于突发性事件的高度不确定性，我们必须高度重视救援人员的自身安全，相关专业人员要及时做好环境评估和后勤保障工作，有效地保持应急救援力量的可持续性。

（二）科学规范原则

一方面，要让决策处置权力有规范，公民权利有保障。在突发性事件处置过程中，法律赋予了政府权力的扩大以及公民权利的限制等条件（如公民、法人以及其他组织必须遵守政府决定、征用个人私有财产等），同时也要按照制度对公民权利做出相关保障（如人身安全、事后补偿等）。另一方面，决策处置中要依靠先进的技术手段，充分发挥专家和专业技术人员的决策支持作用，防止专断决策和盲目执行现象的出现。

（三）统分结合原则

突发性事件的应对往往超越了单个组织、单个部门甚至单个区域的能力，这就需要形成权力集中、统一协调的应急救援指挥系统，以有效整合各方面的资源。这要求我们在各级党委和政府的领导下，充分发挥应急办公室的作用，使政府、部队、企事业单位、公民等形成处置合力。同时，根据分级负责和属地负责的要求，相关政府和部门对突发性事件要及时展开先期处置，防止突发性事件的升级，尽可能地降低其带来的损失。

（四）多元协同原则

重大突发性事件往往持续时间长、影响范围广、危害程度深，远远超出了单个政府部门或属地政府的控制能力，需要整合多方力量，实现协同处置。首先，联合周边政府的力量，建立战略性应急救援合作机制，整合人力、物力以及财力等资源。其次，统筹公共服务部门、企事业单位、非政府组织以及公众等社会力量，建立应对突发性事件的网状体系。最后，充分发挥解放军、武警部队、公安现役部队等武装力量的作用，完善平战结合机制。

（五）及时高效原则

由于突发性事件具有高度的不确定性，及时调配应急资源以及快速实施预控显得尤其重要。特别是应急救援队伍能够在第一时间赶赴现场，迅速采取有效的救援措施，就能最大限度地降低突发性事件的危害程度。和时间相比，效能更侧重于应急救援的效果，这要求应急救援人员能够以最小的代价和最短的时间控制局面、抢救伤员以及保护财产。

三、我国决策处置机制的构建

（一）建立高效的应急决策指挥体系

决策处置工作是一项专业性非常强的具体活动。领导者必须具有三种技能：技术技能（业务技能）、人际技能（协调技能）、概念技能（决策能力）。但是在日常的应急管理工作中，尤其是面对重大突发性事件动态、复杂的环境，仅仅依靠领导者个人的权威性是不够的。因此，在应对突发性事件过程中，政府必须及时成立以党政领导为核心的决策指挥机构，同时要求相关职能部门负责人以及技术专家参与其中，以保证决策指挥的权威性、专业性和高效性。从具体的工作来看：应制定高效的决策方案，组建专业的监测队伍，调配应急队伍和应急资源，协调相关部门的救援活动，强化处置现场的监管工作。

（二）组建专群结合的应急救援队伍

根据突发性事件的种类，政府职能部门、解放军、武警内卫以及公安现役部队等根据其内在的救援优势，组建各具特色的应急救援力量，形成一专多用型的队伍。各种救援队伍之间要加强日常的协同演练，以便应对突发性事件过程中能快速和有效地整合应急救援队伍，克服单兵应对的弊端。同时，注重专业化民间救援队伍建设。民间救援队伍是应急处置过程中不可或缺的部分，政府应该给予充分的支持。针对这种力量救援无序的问题，政府需要建立有效的管理机制，从标准规范、登记备案、组织培训以及制度保障等方面引导和规范民间救援队伍的建立和发展。

（三）建立有效的应急联动机制

突发性事件处置过程中，建立适合中国国情的应急联动机制是快速和有效地应对各类突发事件的重要手段。具体来说，我们需要打破条块分割、区域分割以及军地分割的现状，形成协同处置的局面。一是条块联动。我们要改变过去"条块结合、以条为主"的格局，采取"条块结合、以块为主"的方式，属地要能快速整合辖区内的应急资源，加强与属地内中央直属部门的会商，提升自身的综合性应对能力。二是区域联动，相邻地区应该建立区域性的联动机制，构筑信息共享平台，经常开展灾情会商和协同演练。三是军民联动。目前军民联动的最大障碍是军地双重领导体制，为了实现军地互动，我们必须在现有的体制下探讨军地合作机制，以提高军地互动的效能。

(四) 完善应急救援的保障措施

1. 以应急物资保障为基础

健全应急物资的生产、储备、调运以及监管体系，以便应急救援中能及时启动应急生产，快速调配应急物资，有效监管应急物资使用。

2. 以应急资金保障为源泉

发生突发性事件后，要简化审批流程，及时调整预算结构，快速启动应急救援专项资金。

3. 以信息保障为先导

以现场决策指挥中心为基础，构建信息管理平台，形成以信息收集、评估、发布为内容的信息保障机制。

第四节　多元协同机制

一、多元协同

多元协同是应急救援过程中在保证政府核心地位的前提下，通过横向和纵向上的分权和授权，形成多个拥有权力、责任以及能力的协作主体，并通过规范化和常态化的合作，达到有效应对突发性事件的目的。多元协同可以从两方面理解：从横向上看，多元协作主体由营利性组织、非政府组织、媒体、公众等社会主体在内的多方力量组成，各参与主体平等地拥有应急救援的参与权，并且这种权责应以制度化的方式加以明确；从纵向来看，政府在多元协同中处于核心地位，负责多元协同规则的制定以及各主体的统筹协调。从多元协同的内容来看，一方面是专业分工。由于政府在人力、物力、财力以及时间等方面的限制，不可能独自实现对突发性事件的全面管理。营利性组织、非政府组织、志愿组织等社会力量可以利用自身的专业优势和资源优势，负责应急救援中的相关领域和任务，以节约政府的资源和时间，使其集中精力做好整体协调和规划；另一方面是资源共享。资源共享既包括突发性事件过程中相关信息收集和研判的共享，也包括应急救援物资筹集和使用的共享。由于相关信息的及时性和全面性直接影响到应急决策的科学性，这必然要求实现多元主体间的信息收集和研判的共享。同时，要在短时间实现人力、物力、财力的筹集和调配，必须依靠社会救援力量的合作。

多元协同机制构建的必要性：首先，这是我国体制改革和社会发展的必然要求。近些年来，我国政府改革强调向服务型政府转变，在这个过程中政府通过简政放权的形式逐渐打造"小政府、大社会"的格局。因此，各类主体开始掌握更多的社会资源，主体之间的相互联系和相互依存度不断提高。同时，各类社会主体被赋予了更多参与社会管理的权力，责任意识和参与能力不断提高，这为多元协同机制的构建奠定了一定的社会基础。其次，这是应急管救援自身的要求。构建有效的多元协同机制，在应急管理中能够实现由政府单一主体向多元主体的转变，减轻政府压力和弥补政策漏洞，并且可以更好地整合各种应急资源，发挥各类社会主体的优势。最后，是公民社会发展的要求。多元协同机制的构建，有助于增强公民的危机意识、民主意识和参与意识，提升自救互救的能力，从而使突发性事件处于全社会的监控之下，这对实现突发性事件的全面管理和过程管理意义重大而深远。

二、构建多元协同机制的原则

（一）综合协调的原则

构建多元协同机制必须有助于打破地域分割、条块分割、部门分割、军地分割等体制性的束缚，有利于发挥群策和群力的作用，调动全社会的一切人力、物力和财力，确保社会公众的生命、健康与财产安全，有效整合全社会的力量应对突发性事件。在突发性事件过程中，要实现以上目标，必须确保政府在多元协同工作中起到核心作用，以有效协调企业、媒体、非政府组织、民众等利益相关者的行动。

（二）以人为本的原则

在突发性事件过程中，各种应急救援行动会面临着多种价值目标的选择。应急管理工作的根本落脚点在于维护人民的生命和财产安全。多元协同机制作为应急管理工作的有机组成部分，必须正确处理好维护公共利益与保护公众利益之间的矛盾，多元协同过程既能做到为了社会公众，又要做到依靠社会公众，因此，构建多元协同机制必须坚持以人为本的原则。

（三）军民结合的原则

目前，我国的应急救援力量主要由四部分组成：① 以解放军、武警内卫以及民兵预备役为主的机动力量；② 以警察、公安现役部队（主要是消防部队）为主的基本力量；③ 以政府职能部门、公共服务企业等为主的专业力量；④ 以企业、非政府组织、社区组织等为主的补充力量。从上可知，为了实现武装力量效能的最大化，我们可以本着军民结合的原则，将国防动员纳入多元协同机制中，实现应战和应急的有机结合。

(四) 制度规范的原则

构建多元协同机制必须以法律、法规为依据，确保多元协同行为的规范性。一方面，政府在主导多元协同过程中，为了维护公共利益和社会秩序，必须合法和合理地运用行政紧急权，避免和降低对协同主体造成的损害；另一方面，在科学评估的基础上，根据制度的规定，及时对协同主体的损失进行补偿，以提高各主体参与突发性事件的积极性和主动性。

三、我国多元协同机制的构建

(一) 区域协同机制

区域协同机制主要是指在应急救援过程中，属地政府与周边政府协作应对突发性事件的措施或程序。区域协同主要有三方面的属性：① 强调主体性，即在坚持属地管理、地方负责的原则下构建组织指挥体系，统一调配应急资源；② 协同性，在横向上形成政府间职责分工和分类管理格局，从而实现应急管理中职能衔接与资源共享的目标；③ 互补性，参与区域之间在人员、资源、技术、装备等方面具有各自的优势和特点，在协同过程中要实现优势互补。

构建区域协同机制主要从三方面着手：① 构建网格管理的新格局。改变目前条块分割的现状，通过网格化管理的方法明确区域之间的应急管理职能，在横向上形成职责分工和分类管理的配合机制；② 构建综合协调机构。综合协调机构无论是临时性的项目组织，还是常设性的职能机构，都应成为区域协同机制的管理平台；③ 构建战略协同关系。通过建立应急管理框架协议的形式，达成应急管理的共识，开展定期的应急演练和信息共享，在突发性事件过程中能够及时调配应急资源，实现周边联动和协同应对。

(二) 社会参与机制

社会参与机制是政府为了及时和有效地防控突发性事件，引导社会力量共同参与和协同处置的一系列规则和程序。社会参与机制可以从三个方面理解：① 政府在社会参与中起到主导性作用，负责社会参与规则的制定和参与主体的协调；② 参与主体具有广泛的社会性，具体涵盖了核心利益相关者、边缘利益相关者以及潜在利益相关者；③ 参与过程具有一定的规范性，各主体在参与过程中具有明确的角色定位和运行程序。具体来说，构建社会参与机制主要从以下几方面着手。

1. 为社会主体参与突发性事件提供制度保障

通过完善相关法律、法规和政策，对社会力量参与的程序、方式、途径、监督、奖惩等作出明确规定，给予社会参与主体应有的制度空间和政策支持，使各种社会主体的参与活动形成一种制度化行为。

2. 充分发挥非政府组织的作用

首先，政府要为非政府组织创造良好的发展环境。加快登记制度的改革，逐步改变目前的"双重管理"机制，通过合理的制度安排，明确其参与地位和工作权利。其次，加强分类指导，重点培养。针对各自特点进行分类指导，形成合理的布局，优先发展公益慈善类、城乡社区类等组织。最后，加强非政府组织自身建设。一方面，非政府组织要树立责任意识，既不能为了自身发展争夺社会资源，也不能沦为利益集团的工具，要始终把服务社会和人民作为其存在发展的基础。另一方面，非政府组织要明确自身的发展方向，利用在特定领域中的优势资源提升自身生存能力和发展能力，逐步向专业化、社会化和精细化方向发展。

3. 将企业纳入应急管理中

一方面，培养企业主动参与意识。我国应该制定相关的政策和法规，落实企业在突发性事件中的责任，并对积极履行责任的企业给予一定的政策扶持。另一方面，加快应急产业发展。通过制定相关的激励性措施，借助市场化运作吸引企业进入应急产业中去，推动应急产业发展朝着市场化、规模化以及专业化方向发展。

4. 充分发挥媒体的积极作用

首先，建立政府与媒体的良性关系。各级政府要与媒体建立良性互动，构建互信的情感基础和顺畅的沟通渠道。其次，加强媒体的行业自律。大众媒体要增强职业道德和社会责任，防止过度的商业化运作，保证突发性事件信息的及时性和可靠性。最后，加强对媒体的监管。防止媒体被敌对势力利用，规避各种谣言和不良信息的传播，引导社会舆论朝着有利于应急管理的方向发展。

5. 提高民众的自救互救能力

一方面，提高公众的危机意识。既要通过公共安全教育增强公众的危机意识，又要把危机教育纳入教育系统中，形成系统化和常态化的教育模式。另一方面，提高公众参与应急管理的组织化程度。主要以城乡社区为平台，通过专业化的教育和培训来实现，既能提高公众自救互救的能力，也能为应急救援中志愿队伍准备后备力量。

(三) 军地协同机制

军地协同机制是指根据法律制度和平战结合的要求，有效整合军队和地方的应急资源，共同应对突发性事件的规程。军地协同机制主要包括三部分内容：① 军政协同，在军队和地方政府相互配合的基础上，构建起协同应急救援的模式；② 军民协同，这是军队带动社会力量参与应急救援的形式，也是我国社会主义制度优越性的具体体现；③ 军军协同，即通过各军种之间的相互合作，实现应急救援协同处置模式。

军地协同机制主要包括定期沟通机制、应急响应机制以及军地联动机制三部分内容。

1. 定期沟通机制

首先，军地定期召开联席会议，分析属地内应急管理工作的动态，共同制定具体的应急措施，统筹应急任务的部署；其次，构建合理的信息共享平台，军地双方要共同搞好顶层设计，通过构建信息平台整合军地双方信息管理优势，实现信息收集、分析研判以及储存提取的兼容；最后，加强军地之间联合培训工作，可以采取共同办班、工作轮换等方式发挥军地双方各自的培训优势，使应急管理人员既能学习对方的有益经验，又能实现应急管理工作的有效衔接。

2. 应急响应机制

构建军地应急响应机制需要从以下三方面进行。首先是预案制订。军地双方根据属地突发性事件的性质和特点，共同制订总体应急预案，使军地双方总体规划特别是具体行动方案有机衔接。其次是高效决策。突发性事件发生后，应该成立由军方参加的联合指挥部，军地联合制订应急管理决策，确保军地双方协同工作的高效运行。最后是保障有力。军地双方根据总体预案的要求，制订出科学合理的物资调配方案，既能做到保障自身救援任务的进行，又能在一定程度上实现军地双方的相互照应。

3. 军地联动机制

一方面，落实联合训练工作。军地双方制订定期联合训练的计划，开展跨部门、跨灾种以及跨行业的演练项目，增强联合训练的可行性和针对性，使各种应急救援力量明确任务、熟悉程序、掌握方法，从而提高军地协同应急救援能力；另一方面，构建联合指挥机制。在应急预案中要明确由党、政、军组成联合指挥部的结构和人员，日常负责应急管理的培训教育、沟通协调以及系统保障等工作，应急过程中以他们为主体形成应急管理的指挥机构。

第五节　信息沟通机制

一、信息沟通

信息沟通是各级政府为了确保信息在各种利益相关者之间有效互动而进行的管理活动。信息沟通机制贯穿于突发性事件的全过程，为预防准备、监测预警、决策处置等各个阶段提供信息支撑。在突发性事件过程中构建信息沟通机制的目的在于以最小的成本和最高的效能实现利益相关者之间的有效沟通，为应急管理创造一个良好的信息沟通环境。具体来说，构建信息沟通机制有四方面的作用：一是满足公民的知情权。在多元、民主和开放的社会里，公民享有充分的知情权能够提高社会的心理承受能力。知情权主要是利益相关者依法享有的知悉、获取，以及传播危机信息的权利和自由，这些危机信息主要通过有效的沟通机制在政府与公众之间实现双向互动，以最大限度地满足公众的知情权。二是为科学决策提供依据。科学的决策以及时和有效的信息为依据，构建有效的信息沟通机制能够保证决策信息的时效性和全面性，进而为决策部门提供信息支撑。三是有利于实现政府与社会的联动。信息沟通的互动过程，可以使政府获得社会的理解和支持，从而有效地整合社会资源，降低应急管理的社会成本。四是有助于树立政府的良好形象。有效的沟通机制可以防控信息的误传和不良信息的介入，有效控制突发性事件引发的恐慌心理，增强民众对政府的信任感和向心力。

二、构建信息沟通机制的原则

在防控突发性事件过程中，时效性、准确性以及持续性有助于提高信息沟通的效能，进而及时和有效地采取应对措施。因此，信息沟通机制必须遵循时效性、准确性以及持续性三大原则。

（一）时效性原则

时效性是信息沟通机制要做到及时和有效，以便利益相关者能够获取最新的信息。一方面，信息的价值量与时间是密切相关的，随着时间的流逝，信息的价值量逐渐下降甚至消失，所以时效性对于信息沟通机制至关重要；另一方面，应急救援最明显的特征就是在时间压力和环境多变的情况下作出关键性决策，这说明信息沟通机制是一项时间观念强、效率要求高的机制。

（二）准确性原则

准确性是信息沟通过程中按照实事求是的要求，客观反映突发性事件的实际情况，尽可能地保证信息的完整性和真实性。在信息沟通过程中，只有坚持准确性原则才能为应急管理者提供客观依据，从而提出切实可行的决策。同时，有利于事后总结经验教训，为善后恢复工作创造条件。

（三）持续性原则

信息的不完备是制约决策的一个重要因素。在突发性事件过程中，决策信息的获取更是如此。持续性原则能够保证应急决策的全局性。在危机生命周期的不同阶段，由于突发性事件的性质、形式等因素表现得不够全面，只有持续报送和反馈，事态才能得到客观的反映，应急措施才能更加科学。

三、我国信息沟通机制的构建

(一) 完善信息收集机制

信息收集是构建信息沟通机制的前提工作，由于应急信息具有复杂、多变以及量大的特征，要保证信息收集的全面性、时效性以及准确性，必须借助相关机制来实现。

首先，构建网络化的信息收集机制。一方面，在对突发性事件信息的收集过程中，政府应在重点单位和重点区域设置信息采集点，由专门的人员负责收集相关信息。在这个方面，要充分发挥我党的组织优势，可由基层党组织和基层党员具体承担起信息收集任务。另一方面，以地震、气象等监测平台为基础，切实形成专业分工和部门合作的格局，实现横向到边、纵向到底的网络化信息收集机制。

其次，构建跨地区的信息共享机制。一是树立经济人的正确思想。政府及其管理者要明确自己的角色，自己不是社会的经济人，而是人民的代理人，在信息收集中要打破条块分割和各自为政的思想，通过合作机制实现整体目标的最优化。二是通过上级政府的介入，强力推进区域间的信息交流。在各级政府中设置专门的应急专家委员会，具体负责监管和协调所属区域内的信息收集和交流工作。三是构建网络沟通平台。该平台主要保障区域间信息交流渠道的通畅，既能为应急管理提供互动的渠道，又能保证信息在不同区域间快速传递。

最后，构建跨部门的信息交流机制。一方面，在政府部门内部设立专门的信息沟通机构。在具体的工作中，既能有效、广泛、及时地收集信息，又能通过监督检查将真实可靠的信息做到上传下达。另一方面，完善信息问责制度。对于不报、瞒报以及迟报的单位及其人员进行惩治，以规范部门之间的信息沟通。

(二) 完善信息报送机制

信息报送是指突发性事件发生后，应急管理者根据信息报送的职责模式，将突发事件信息全面、准确、及时地报送给应急管理的相关主体，使应急管理的参与主体能够获得信息以及事件发展变化趋势，为科学决策提供依据。信息报送是信息沟通机制的中心环节，全面、准确、及时地报送信息，有利于相关主体掌握突发性事件的变化态势，及时采取有效措施防控突发性事件。

首先，加强应急管理教育，实现信息报送的多元参与。政府要利用媒体、教育等公共资源对应急管理知识开展社会宣传，使民众对突发性事件有一定的理性认识，提高社会公众识别社会风险的能力，使多元的社会主体参与到信息报送过程中去。

其次，明确信息报送主体的职责，实现信息报送的有效整合。一是通过完善法律法规，进一步明确信息报送的对象、时间、途径以及范围等，提高信息报送的可操作性。二是在不同部门和地区之间建立信息报送会商制度，促进报送信息的横向流动，改变报送过程中的"信息孤岛"现象。

再次，扩大信息越级上报的权限，提高信息传递速度。对于越级上报的具体范围要作出具体的规定，以有助于上级对下级信息报送进行有效监督。此外，要精简信息报送层次和审批程序，保证信息报送的真实性和时效性。

最后，完善信息合作机制，提高信息联动水平。在信息报送过程中，要按地域、按职能、按部门构建信息通报合作关系，在部门之间、军地之间、区域之间以及国际之间实现科学和合理的信息通报机制，为联动工作提供信息支持。

（三）完善信息发布机制

信息发布是政府及其相关部门根据制度要求和法定程序，将获取和研判的突发性事件信息向社会公众发布的活动。信息发布是信息机制的关键环节，信息发布既能满足公民知情权和社会监督的需要，也能提高防控突发性事件的效能。

首先，完善信息公开制度。① 确立公民知情权的法律地位。在当前《政府信息公开条例》的基础上，适时制定专门的信息公开法，规制政府对信息的垄断，充分保障公民的知情权；② 健全信息监督制度。通过制定专门的新闻法，充分保障大众传媒的自由权，使他们真正成为监督政府行为的客观力量；③ 完善权利救济方案。通过制订专门的权利救济预案，既能保障公民获得救济的权利，又能监督政府及时和高效地防控突发性事件。

其次，构建多层次信息发布体系。根据信息发布的梯度原则，可以从四个层次构建信息发布的组织体系，以明确不同层次的职责和程序。① 政府高层信息发布，主要在突发性事件的初期阶段，由省市级别的行政首长以及主要负责人进行；② 相关政府部门信息发布，主要在应对突发事件的初期，由气象、地震、安监等职能部门主管人员进行；③ 现场指挥人员信息发布，贯穿于应急管理的全过程，由处置突发性事件的主要指挥者负责；④ 专业人员信息发布，主要在预防准备阶段和善后恢复阶段，主要由开展安全教育和危机防控的专家、学者进行。

最后，建立完善的沟通机制。① 构建多元化的信息沟通渠道。要利用计算机网络技术，构建信息化的沟通渠道，从而减少沟通渠道层次和压力，实现政府和社会的直接互动。② 完善信息发布制度。加强对信息发布人员的培训工作，提高他们的应变能力和沟通能力，同时建立信息发布的问责制度，增强相关人员的责任感。③ 保持政府和媒体的良性互动。媒体要改变过去的依附观念和从属地位，构建新型的合作伙伴关系，从而充分发挥媒体的传播优势和沟通优势。此外，政府要积极引导媒体工作，明确新闻自由和媒体责任，树立共同的应急管理目标。

第四章 突发事件的应急管理

第一节 突发事件的预防

一、预测预警概述

（一）预防的重要环节：预测预警

预测预警是突发事件预防的两大关键性环节。

所谓的预测，就是在突发事件发生前预先进行监测。具体而言，它包括以下三个步骤：

一是危险源排查。从突发事件演进的过程来看，危险源排查是应急管理在事发前最为基础的一个环节。危险源排查就是对可能引发风险的危险要素进行辨识。

二是危险源监测。在突发事件发生前对各种可能引发突发事件的重点危险源及其表象进行实时、持续、动态的监视和测量，收集相关的数据和信息。

三是风险评估。根据对危险源检测的结果，结合脆弱性分析，确定风险的大小，并判别突发事件发生的可能性。

所谓的"预警"，就是指"预先警告"。这个词最早源于军事领域，主要是指通过各种手段提前发现、分析和判断敌情，并将其威胁程度报告给指挥部，以提前采取措施应对的活动。后来，预警逐步被人们应用到政治、经济、社会、自然等多个领域，包括灾害管理领域。在应急管理中，预警主要是指危险要素尚没有转变为突发事件之前，将有关风险的信息及时告知潜在的受影响者，使其采取必要的行动，做好相应的准备。

突发事件的预测与预警是相辅相成、相互统一的关系。预测是获得相关的信息并进行研判，而预警则将研判的结果也就是信息传递给特定的受众。一方面，科学的预测是精确预警的前提和基础；另一方面，只有通过有效的预警才能把预测得出的结论及时地传递给受众。

此外，预测预警的最终目的是使社会公众采取响应行动、减少突发事件的不利影响。因此，预测预警的完整流程是：对危险要素持续地进行监测并对警兆进行客观分析，作出科学的风险评估；如果风险评估的结果显示突发事件不会发生，则返回继续监测；如果风险评估的结果显示突发事件可能发生，则向社会公众发出警示信号；当社会公众采取有效的响应行动后，预测预警的流程结束。

总之，预测预警就是这样一系列活动：科学监测、数据加工及事件预报；将科学的信息转化成公众可以理解的警报；最大限度地广泛传播警报；促使社会公众及时采取响应行动。

(二) 预测预警的要点

预测预警的关节点是对预测预警功能正常发挥至关重要的关键步骤。它们主要包括：获取丰富的实时数据以支撑预警；根据数据判断报警的临界点；采用受众容易接受的标准化预警术语；通过多种通信渠道，将警报发送给处于风险中的公众及有关应急响应者；教育、培训公众，使其有能力采取适当的行动；定期评估预测预警的效能；等等。归纳起来，最为重要的关节点包括：

第一，危险要素的排查和监测要具备良好的技术基础。现代科学技术，特别是信息技术的快速发展为有效地开展危险要素监测奠定了坚实的基础。它们能对危险要素进行不间断的跟踪，并将有关的精确数据和信息传输给风险管理者。

第二，风险评估要求具备良好的风险分析能力。风险管理者根据技术设备提供的危险要素信息，结合社会系统的脆弱性分析，评估风险等级。

第三，警报传播要清晰、简洁、有效。如果正确的风险判断不能够及时传递给目标受众，则预测预警的意义为零。

第四，激发响应行动要能够促使社会公众迅速地采取适当的响应行动以规避风险。如果受众接收到警报，但是不理解警报的内容、不知晓警情的严重性、不采取所期望的响应行动，则预测预警的最终目的也就达不到。

以往，人们特别强调预测预警中的技术因素，突出科学知识与技术的重大作用，表现出很强的科技中心导向。但是，预测预警还具有不容忽视的制度和社会维度。如果警报的内容不容易为人所理解，如果人们的风险意识薄弱或决策产生偏差，人们就不会采取适当的行动，预测预警的最终目的也就无从实现。而且，先进的技术也是要为人服务的。所以，我们在建设预测预警机制时，一定要以人为核心，而不是以技术为核心。

二、预测预警的原则与措施

(一) 预测预警的原则

1. 及时性原则

突发事件预测预警机制功能实现的前提是：在突发事件发生之前，识别存在的各种威胁。在此基础上，采取适当的措施发出警报，敦促社会公众采取行动，避免突发事件的发生或者最大限度地减轻突发事件的影响。预测预警机制如果不能及时发现潜在的风险并传递相关的警情，也就不能为提前采取响应措施赢得宝贵的时间，其存在也就失去了意义和价值。

2．准确性原则

准确性原则要求突发事件预测预警机制必须从客观实际出发，尊重历史和现实资料，分析突发事件相关因素之间的本质联系以及突发事件的演化、发展趋势，进行准确的预测和报警。警报一旦发出，公众采取应对措施，这产生了一定的成本。如果预警不准确，付出的成本就不会带来预期的收益。长此以往，社会公众对预测预警的信任度就会降低，进而导致人们对预警信息的熟视无睹，预测预警机制将名存实亡。

3．全面性原则

全面性原则要求预警信息覆盖所有的利益相关者，而不能出现挂一漏万、顾此失彼的现象。在突发事件中，损失的降低程度通常与获得警报的人数成正比。为此，在预警信息的传播中，我们要调用多样化的信息传递渠道，不仅要运用现代化的信息手段，如电视、广播、互联网、手机等，也要兼顾传统的预警方式，如高音喇叭、鸣锣敲鼓、奔走相告等。同时，传播预警信息要特别关注弱势群体，如鳏寡孤独者、残疾人、语言不通的外国人、老人、妇女、儿童等。

预测预警的效果与其及时性、准确性和全面性成正比。预测预警越及时、越准确、越全面，则预测预警的效果就越好。

此外，突发事件预测预警机制的构建要特别处理好以下三对关系：

一是以人为本与依靠科学的关系。预测预警必须依靠科学，但更要以人为本。科学是手段，人的需要才是目的。我们在构建预测预警机制时，必须以公众的需求为转移，以最终效果为导向。预测预警多一些人性化的关怀，预警的效果将会更加突出。

二是政府主导与公众参与的关系。在中国这样一个政府主导型的社会中，应急管理预测预警机制的构建和运行都离不开政府，但是，预测预警机制要为社会公众的参与预留一定的空间。社会公众的参与不仅可以分担政府在预测预警方面的负担，而且还可以促进人防与技防相结合的局面，提高预测预警的效率。

三是常态与非常态的关系。非常状态下的精确预警是要以正常状态下的持续监测为基础的。不仅如此，预测预警的最终效果还要取决于公众是否接受了报警信息并采取了响应的行动。这与人们在正常状态下接受公共安全教育的程度、社会的准备与响应能力是不能断然分开的。因而，我们要处理好常态与非常态的关系，在平常状态下为迎接非常态的挑战做好全面的准备。

（二）加强预测预警的措施

第一，建立科学的监测指标体系。指标体系是应急管理的一个重要测量手段和工具。它依据科学的方法，对突发事件的演进过程进行分析，找出各种测量突发事件的敏感因素，识别并确认社会风险、监测突发事件危险源、评价事件发生的可能性。

第二，综合分析监测信息。我们要本着全风险预测预警的原则，建立统一的预测预警信息平台，将气象、地震、水利、森林防火等部门的监测机构通过技术手段汇总起来的信息综合加以分析、研判。

第三，规范风险管理流程。我们还要认真地完成风险监测、风险识别、风险评估、风险排序、风险控制和风险沟通等各个环节的工作，特别是要同时兼顾危险要素与脆弱性两个方面，考察其交互作用的结果。

第四，加强预警信息传播。我们可将媒体、非政府组织、社会公众等力量都纳入风险管理中，实现多手段、多途径、多渠道传播预警信息，作到动态监测、综合分析、科学预警、有效报警。

第五，降低预测预警的重心，发挥社会基层单位特别是社区的作用。每个社区都具有一定的特征。社区应该根据这些特征，进行科学的风险分析与预测，编制应急预案，并通过演练不断地加以修正。同时，成立社区应急领导组织及救援队伍，避免突发事件来临时群龙无首的状况。社区应对区内居民情况分门别类地进行登记，为经过一定培训的居民进行应急管理业务资格认定，组织居民签订灾害互助协议等。此外，社区要考虑根据自身风险情况，配备一定的应急硬件设施。这样，社区就能够根据警报的信息，及时、有效地作出响应。

三、预防的另外两种途径

目前，我国的公共安全形势非常严峻。我们有高风险的城市、不设防的农村。由于风险是由危险要素和脆弱性共同决定的，为了做好突发事件的预防，我们一方面要做好危险源的排查与控制工作，另一方面也要降低社会系统的脆弱性，同时，我们要着眼未来可能发生的突发事件，提高全社会的恢复力。降低脆弱性、提高恢复力是做好突发事件预防的另外两种有效手段。这两种途径在实施措施上有很强的关联性，但侧重点不尽相同：前者主要是为了防止突发事件发生，减少灾害对社会公众造成威胁的概率；后者主要是为了在突发事件发生后提高从灾损中恢复的速度。

（一）降低社会的脆弱性

为了确保社会公众的安全，我们必须减少社会公众所面临的各种风险。一是要尽可能排查、消除危险要素，即可能给社会公众的生命、健康与财产造成损失的条件，包括物理的危险要素、人的危险要素、信息的危险要素。例如，疏散处于灾害易发区的人口，城镇布局尽量避开地震断裂带等。

脆弱性是衡量社会在危险要素产生作用的条件下是否会遭受危害的指标。在城市里，它主要与以下因素相关：经济、社会的集中程度；城市系统的复杂性和相互关联性；城市的地理位置；城市的环境保护情况；城市的结构性缺陷，如建筑问题；政治和制度缺陷；

等等。在乡村中，脆弱性相对较强，这表现为：农村经济、社会发展滞后，社会公众的防灾、减灾意识薄弱，建筑、设施的抗灾毁能力低。我们应结合社会主义新农村建设，改变农村的基本不设防的局面。

相对而言，危险要素比脆弱性更有不可控制性。因此，我们需要在以下两个方面开展突发事件的预防：一是规避风险，要对危险要素进行监督、分析、控制；二是寻求安全，降低社会系统的脆弱性。后者比前者更能凸显人的作为。如果我们能够降低脆弱性，就能够避免许多突发事件带来的不必要的损失。

突发事件的预防必须从源头抓起，落实城市和农村的安全规划与安全建设。特别是在城市，安全状况与城市规划、建设两个环节有着割舍不断的关系。在城市规划和建设方面，我们要充分地考虑城市安全的需求。一方面，加强在役建筑的风险排查，并采取相应的防灾、减灾措施；另一方面，落实新建建筑物的安全规划。在城市未来的发展规划中，我们必须体现"预防第一"的思想，将公共安全作为其中的一项重要内容。与此同时，在对既有城市风险源进行排查的基础上，逐渐进行基础设施改造，消除潜在的隐患，使旧系统转型升级，实现新旧系统的衔接、兼容。例如，在北京通州新城的规划过程中，公共安全成为规划中十分引人注目的内容，应急避难场所等问题得到了充分考虑。

目前，城市面临的风险很大程度上表现出很强的系统性。以城市的"生命线"系统为例，路网、水网、管线网等在地理分布上错综交织，在功能上又相互依赖、彼此支撑。一旦某个组件发生事故，就会产生传染效应和连锁反应，导致整个城市运行受到重大的影响，甚至造成城市系统的崩溃。比如，城市供电系统出现严重故障，就会造成交通指挥系统无法工作，人们的出行会遇到障碍，其他基础设施因工作人员匮乏而无法正常、高效运转。

由于部门分割的缺陷，城市运行管理部门相互之间缺少沟通，"破坏性建设"难以杜绝。例如，地下管线的安全运行对周围土壤的干燥程度有一定的要求。园林部门为了保证城市的绿化率，在一些管线的上方进行绿化灌溉，这不仅加快了地下管线的腐蚀速度，而且不利于管线主管单位进行检修，埋下了影响城市运行安全的隐患。

城市"生命线"系统涉及供水、供气、供电、交通、通信等方面，高技术性强，超常复杂、精致，又超常脆弱、易损。但是，高技术在给人们带来了快捷与便利的同时，也带来了一系列的麻烦与"软肋"。比如，随着城市的发展，基础设施信息化程度越来越高。信息化程度的增强提高了工作效率，但也使基础设施更加脆弱。如果控制供水系统的计算机网络受到攻击，则可能会导致城市供水的中断。

可见，由于部门分割、条块分割的特点，我们的城市公共安全管理存在着诸多问题，如各个专业部门以单灾种为导向，各自为政，权力分散，效率低下。这不适应现代城市风险复杂性与叠加性的特点。当城市风险出现耦合时，部门之间或相互推诿扯皮，或因政出多门而令基层单位无所适从。为了加强城市安全、降低城市的脆弱性,我们必须要克服现有行政体制的弊端,对城市公共安全保障部门的权力进行整合,以满足城市公共安全对综合防灾的需求。

(二) 提高社会的恢复力

恢复力 (resilience) 一词来自拉丁语 resilio,意思是"反弹"。从机械意义上说,恢复力意味着一种物质具有一定的张力,在重负之下不会折断或变形,具有一定的弹性。生态学家用这个概念描述系统在经过暂时的扰动之后又恢复平衡状态。在国际上,一些从事生态学和生态经济学研究的科学家还组织了一个"恢复力联盟"(Resilience Alliance),认为"恢复力"的含义有三:系统可以吸收扰动的水平,系统自组织的能力,系统建设、增强学习能力与适应能力的程度。

目前,在国际应急管理学界,恢复力是一个常用的语汇。它主要是指一个社会"快速、有效地对灾害进行响应、从灾害中复原的能力"。我们在突发事件预防的过程中,必须着眼于未来防灾减灾的需要,增强灾区的恢复力。其主要途径是:增强灾区对未来灾害的控制力和承受力,降低灾区的脆弱性。

第一,实现人与自然、人与社会、人与人之间的关系和谐,减少引发突发事件的致灾因素。比如,在恢复重建中注意保护湿地、林地、草原等。

第二,在人类经济社会发展中,推行与自然合作而非征服自然的理念。在灾害易发区,避免开展重建工程,如不要在行洪河道上建设房屋或基础设施,从源头上杜绝突发事件发生的危险。

第三,对于不能规避、不得不建在灾害易发区的建筑或基础设施,我们要实行更加严格的设计与建筑安全标准,严把建筑施工的质量关,增强其抗毁损的能力,并采取严密的防护性措施。

第四,增强应急响应能力,完善应急救援体系,在突发事件发生后有效应对,尽可能减轻灾害的影响。

第五,建立良好的应急保障体系,确保灾后恢复重建的人力、物力、财力等资源充裕。

四、城市突发事件的预防

近年来,我国城市化进程获得了突飞猛进的发展。城市集中着对我国经济社会发展至关重要的人才精华、产业精华和技术精华。城市突发事件的预防是我国应急管理的重中之重。但是,城市中人口与建筑物密集,生产、生活高度集中,危险源分布广,脆弱性相对强,突发事件风险高。一旦发生重大突发事件,其后果不堪设想。

（一）城市存在的主要风险

1. 城市基础设施风险

基础设施是城市运行的"硬件"。城市运行安全的前提是基础设施状况良好，这意味着：首先，基础设施的各组成部分在物理上均处于安全状态；其次，"生命线"系统脆弱程度低；最后，基础设施相对于城市规模而言，具有足够的承载能力。相应地，城市基础设施的风险表现为以下几点。

（1）基础设施物理安全存在隐患

近年来，尽管城市的基础设施投资力度较大，建设事业突飞猛进，但基础设施依然存在着严重的问题。这主要表现在：部分市政设施老化，基础设施事故不断发生。陈旧、老化的基础设施建设滞后，容易引发严重的事故与灾害，威胁城市的安全。此外，许多城市的危旧管线改造难度大，加之城市管理的执法力度不够，私拆乱建现象造成地下管网不断受到外力损害。

（2）"生命线"系统非常复杂而脆弱

城市供水、供气、供电、供热、交通等"生命线"系统十分复杂，脆弱性很强，往往是"牵一发而动全身"。构成城市"生命线"系统的路网、水网、管线网等在地理分布上错综交织，在功能上又相互依赖、彼此支撑。一旦某个组件发生事故，就会产生传染效应和连锁反应，导致整个城市运行受到重大的影响，甚至城市系统的崩溃。

（3）基础设施的承载能力相对降低

随着城市化进程的发展，基础设施的承载能力受到越来越多的挑战。尽管基础设施不断完善，但由于城市人口，包括流动人口不断增加，基础设施的承载能力日益面临着挑战，呈现总量不足、承载能力弱的特点。

2. 城市自然灾害风险

我国50%以上的大中城市位于高烈度地震带上，许多城市位于大江大河的中下游地区，山崩、滑坡、泥石流等地质灾害对城市的安全影响很大。这些都决定了城市面临着严重的自然灾害风险。

例如，北京处于自然灾害频发的地带，自然灾害对城市运行安全影响非常大。首先，北京位于暖温带半湿润气候向中温带半干旱气候过渡的地带，经常会遭受旱、涝、雷、风、雪、雾等气象灾害的侵袭。其次，北京位于华北地震带的北翼，地处Ⅷ度高地震烈度地区。包括北京市、天津市和河北省北部在内的首都圈地区处在华北地震区的北部和燕山地震构造带的中部，是全国唯一的地震强化监视区。地震灾害对城市居民生命安全与财产安全构成直接威胁，可能造成城市正常运行的中断。还有，北京境内有永定河、潮白河、北运河、蓟运河、大清河等五大水系。北京的城区位于地势低洼的永定河冲积扇平原上，而山区则是内蒙古高原向华北平原的过渡地带，地势较高。这决定了北京城市运行要具有抵御洪灾的强大能力。

随着城市化进程的日益加快，自然—社会因素所导致的灾害影响越来越大，自然灾害中人为因素的作用也越来越大。城市化发展带来了"城市热岛效应"，城区气温上升，持续高温天气增加，雷电灾害不断，局地强降雨的概率提高等，并引发连锁反应，如供水、供电等系统的运转负荷增加，挑战城市基础设施的运行；细菌滋生、繁衍，传染病流行，城市居民的生命健康受到影响。

随着城市建设的快速发展，城市中不透水地面面积增大，城区降水的地表径流加大。这使得城区地势低洼、排水不畅的地段经常因局地强降雨形成严重的洪涝，造成交通中断。此外，许多城市建筑密度大、体量大的趋势日益明显。当城市受到大风及沙尘暴袭击时，会产生"狭管效应"，使局部风速加大，对城市安全造成严重的影响。

3. 城市工业危险源

城市工业危险源主要是指有毒有害、易燃易爆物质和能量及其工业设备、设施、场所，如化工厂、加油站等。随着城市规模的不断扩张，许多城市的工业危险源有向中心逼近的趋势。火灾、爆炸、毒物泄漏等重大恶性事故一旦发生在经济文化发达、人口稠密的城市，会给人民生命、健康和财产安全带来巨大的损失，对社会公众的心理造成严重的创伤，给城市的正常运行带来很大的负面影响。

4. 城市社会安全

相对于农村而言，城市人口不仅数量多，而且密度大。在地铁、商场、车站等公共聚集场所，人口密度更大，传染病极易在人群中传播。一旦公共场所发生突发事件，往往会造成群死群伤，滋生次生、衍生灾害，引起社会恐慌。

大量密集的人口意味着紧急情况发生后需要大量的避难场所，以供公众避难逃生之用。但我国大多数城市目前建成的避难场所相对于众多的常住及流动人口的避难需求来说，显然是捉襟见肘的。而且，与西方发达国家相比较，社会公众的公共安全意识薄弱，自救、互救能力较低。

由于城乡二元社会结构和区域经济发展的不均衡，城市吸引了大量的外来流动人口。他们为城市经济与社会发展作出了积极贡献，但也给城市的安全运行带来严重的影响：一是城市公共基础设施的承载能力已接近极限，各种资源短缺的局面严重。二是城市管理的难度加大，特别是外来人口增多，卫生条件差，社会矛盾突出，存在着严重的安全隐患。三是外来人口构成城市低收入群体的主要部分，在贫富差距增大的情况下，容易导致低收入人群心理失衡，进而诱发社会不稳定因素。

此外，由于城市居民拆迁、农村占地补偿、企业拖欠工资、退伍军人安置等问题得不到合理解决，一些群众以非法手段表达合理或部分合理的利益诉求，在"大闹大解决"思想的支配下，群体上访、重复上访时有发生，影响着城市的社会稳定和运行。

5. 城市公共卫生突发事件

它是指突然发生在城市之中，造成或可能造成社会公共健康严重损害的重大传染病疫情、群体性不明原因疾病、重大食物和职业中毒、重大动物疫情以及其他严重影响公众健康的事件。公共卫生突发事件如果不能得到有效控制，就会造成社会、经济秩序的混乱，基础设施工作人员的非正常减员，社会恐慌情绪严重，人人自危。而且，公共卫生事件具有很强的传染性与扩散性。一些城市处于重要的交通枢纽地位，流动人口数量大，容易成为各类传染病的"中继站"。

(二) 城市基础设施的系统风险

由于现代城市结构的复杂性和关联性，风险具有很强的扩散性，容易产生链状群发的现象。水、电、气、热、通信、交通等基础设施是城市正常运行的物质基础，被称为城市的"生命线"。它们之间存在四种相互依赖的关系：一是物理上的依赖关系，如电力中断会导致通信服务和供水中断；二是空间上的依赖关系，如供水管线的破裂会导致地下通信光缆、电缆的被淹；三是电子上的依赖关系，如控制交通指挥系统的计算机网络受到电子攻击会造成交通拥堵；四是逻辑上的依赖关系，如电力供应的中断会导致燃气用量的激增。

作为一个开放、复杂的巨系统，城市正常运行依赖于基础设施之间协调互动关系的维系。而这种协调互动的关系又非常脆弱，容易受外界因素的扰动和破坏。当基础设施受到严重影响时，城市问题就会沿着相互依赖关系链条"传播"，产生"多米诺骨牌"现象。而且，问题之间互为因果、彼此推波助澜，形成一个错综复杂、难分难解的"死结"。单就某个问题看，它可能是前一个问题的结果，也可能是后一个问题的原因；同一个问题，可能是一果多因，也可能是一因多果。

(三) 城市突发事件预防的对策

为了确保城市的公共安全，我们必须落实科学发展观，实现城市的安全发展。这要求我们在城市管理的过程中，始终将安全作为第一要务。

第一，城市突发事件的预防必须从源头抓起，落实城市的安全规划与安全建设，为城市运行安全奠定良好的基础。在城市未来的发展规划中，必须体现"预防第一"的思想，将公共安全作为其中的一项重要内容。这样，就可以为未来的城市安全运行奠定坚实的基础、创造良好的条件。与此同时，在对既有城市运行风险源进行排查的基础上，逐渐进行基础设施改造，消除潜在的隐患，使旧系统转型升级，实现新旧系统的衔接、兼容。

与此同时，为了确保市民应急避险的需要，城市需要根据地理位置、人口数量、密度等因素，将有条件的公园、体育场、学校、地下商场等开辟或指定为应急避难场所。城市规划编制应当符合城市防火、防爆、防洪、防泥石流和治安、交通管理、人民防空建设等要求；在可能发生强烈地震和严重洪水灾害的地区，必须在规划中采取相应的抗震、防洪措施。

第二，借鉴"城市治理"的理念，实现城市突发事件预防主体的多元化。城市突发事件的预防主体不仅仅是城市政府，还应该包括企业和第三部门。三者之间应该形成一种平等协商、合作对话、交流互动的伙伴关系。在城市正常运行的状态下，企业和第三部门的参与可以使城市运行状况得到有效的监督，及时发现和查找城市运行过程中所面临的问题及存在的隐患；在城市运行偏离正常轨道的情况下，企业和第三部门的参与可以避免市民过度的恐慌、维持公共秩序，使城市尽快走出突发公共事件的阴影，重新恢复正常运行。

第三，人、制度与技术的结合。城市突发事件的预防需要发挥人、制度和技术三方面的优势。制度和技术是人发明的，也是为人服务的；技术必须支持制度，否则，技术作为城市运行安全能力的"倍增器"作用就无从实现。

第四，加强"城市安全圈"的建设。为确保对城市突发事件的防范，我们必须强化城市安全圈意识，密切相邻省市或大江大河沿岸城市的合作，建立同声相应、同气相求的区域合作与流域合作机制，共享有关突发事件风险的信息，共同形成防范城市突发事件的网络。

第五，关注城市关键性基础设施的安全。"关键性基础设施"的概念最初形成于1997年。当年的《马什报告》（Marsh Report）认为，基础设施是一个网络，它由独立的、通常是私有的、人为的系统构成，彼此之间合作、协同运转以连续性地生产、配送基本物品、服务。对于城市运行安全，包括首都城市运行安全来说，城市关键基础设施的防护不仅影响国家安全，也影响公共安全。

城市是关键性基础设施的聚集地。它们的安全与否，决定着城市的运行状况。没有这些关键性基础设施，城市的运行将难以为继。各种关键性基础设施彼此之间密切关联，牵一发而动全身。某一环节出现问题，就可能产生连锁反应，导致次生和衍生灾害。在今天，整个世界越发精细、开放，越发依赖高技术，这使得城市运行安全的脆弱性更加突出。为此，城市突发事件的防范要特别关注关键性基础设施的安全。

总之，在现代社会，突发事件的关联性、耦合性与不确定性空前强大。古人说，有备无患。但是，在今天，有备未必无患，这是因为突发事件似乎总会以"突如其来"的方式来袭。无备必有大患。对突发事件掉以轻心、麻痹大意的最终结果必然是社会公众为之付出巨大的生命、健康与财产方面的代价。只要对突发事件采取有效的预防措施，即使不能将突发事件消灭在萌芽状态，也可以最大限度地减少突发事件可能造成的危害。

第二节　突发事件的准备

突发事件发生具有很强的突发性、紧急性、不确定性、危害性和扩散性。它会在短时间内给社会公众的生命、健康与财产造成严重的威胁，对应急管理部门提出严峻的挑战。在应急管理的过程中，我们要坚持以预防为主的原则，努力将突发事件消解在萌芽状态。但是，预防不是万能的。许多突发事件日益表现出防不胜防的特点。在这种情况下，我们要按照"全风险"的理念，在日常工作中做好突发事件应对的各方面准备，争取能够以不变应万变。

突发事件准备主要包括以下几个方面：第一，建立可以有效应对突发事件的应急管理队伍和应急救援队伍；第二，编制突发事件应急预案，为应急管理勾画"行动路线图"；第三，构建突发事件应急管理的保障体系，在应急法律、应急资金、应急物资、应急避难场所、应急通信等方面作好准备；第四，开展公共安全教育，塑造公共安全文化，提高全社会预防和应对突发事件的意识，做好应急管理的思想和心理准备。

一、应急队伍建设

近年来，综合性日益成为现代应急管理的最具根本性的特征。从世界主要国家的经验来看，应急管理发展的总体特点有三：一是由单灾种应对向多灾种综合应对转变，尤其突出系统性风险的应对；二是由单纯注重响应向预防、处置与恢复重建并重的全过程管理转变，特别重视风险管理；三是由单纯依靠政府应急向政府发挥主导作用，整合企业、第三部门力量协同应急转变。与此相应，应急救援队伍的建设也逐渐体现出综合性的特点。

人是应急管理中的能动因素。组织合理、素质精良的应急管理队伍和应急救援队伍是有效处置各级、各类突发事件的必备条件。他们是应急管理体系的重要组成部分。建立高效的应急管理队伍是做好突发事件应急准备、提高突发事件应对能力的一项重要举措。

（一）应急管理人员队伍建设

以往，我国应对突发事件基本上是遵照临时建立各种指挥部的模式。突发事件处置完毕，指挥部解散，成员回到原来的工作岗位。这种模式具有很大的缺点：第一，临时指挥机构人员彼此之间互不熟悉，且无既定的工作规则，彼此协调困难，不利于应对系统性、耦合性极强的突发事件；第二，临时指挥机构的任务重点是在突发事件发生后负责应急处置或恢复重建的领导工作，不将各类突发事件的预防纳入自己的职责范畴；第三，临时建立的指挥部不能形成稳定的应急管理队伍，更不能积累应急管理的经验，"学习效应"无从体现；第四，临时指挥部工作的思路是：各相关部门按照任务分工再调动自己所辖应急救援队伍，加剧了应急救援队伍单队单能的趋势。

现代应急管理最根本的特征是综合性。现代社会的复合型风险是任何部门无法单独应对的。为此，设立以综合协调为己任的应急管理部门是非常必要的。不仅如此，由于行政文化中封闭性和排他性的特点，部门分割、条块分割是中国行政体制的缺点。在这种情况下，这样一个应急管理部门绝非可有可无。问题的关键是：目前的应急管理机构是否具有履行综合协调职责的权力。

我国的行政体制带有很强的科层制特点。科，即领域、部门；层，即层级、层次。下级要服从上级，不同部门协调大多要通过共同的上级。应急管理机构要协调相关部门就必须在权力上高于这些部门。目前，我国应急管理机构的主要问题是：设置规格过低，权力层次不够。

我国将应急办设在政府办公厅或办公室中，其原因是：办公厅或办公室是政府领导所倚重的部门。但是，领导的影子并不等同于领导本人。厅局级协调不了部级单位，处级协调不了厅局级单位，科级也协调不了县处级。

(二) 应急救援队伍的问题与对策

我国应急救援主要依靠三支队伍：一是公安、防汛抗旱、抗震救灾、森林消防、海上搜救、铁路事故救援、矿山救护、核应急、医疗救护、动物疫情处置等专业队伍，他们是我国应急救援的基本力量；二是企事业单位专兼职队伍、应急志愿者，他们是应急救援的辅助力量；三是中国人民解放军、中国人民武装警察部队和民兵预备役部队，他们是应急救援的突击力量。三支队伍在我国应急管理中均发挥了重要的作用。

但是，长期以来，我国受现有行政体制影响，应急救援队伍存在着四大弊端：一是专业救援队伍单队单能，不能充分发挥应急救援力量的作用；二是专业救援队伍之间分部门、分灾种建设，协调联动欠缺；三是专业救援队伍与兼职救援队伍之间缺少沟通合作，专兼结合的水平需要提高；四是军地分割，中国人民解放军、中国人民武装警察部队、民兵组织等武装力量发挥处突维稳的功能有待深入开发。这说明我国的应急救援队伍需要在现有基础上进行整合，在整合的基础上加强管理。

特别是，专业应急救援队伍基本上都是分灾种、分部门、分系统建立的，救援力量分散，缺少综合性，存在着"多队单能"的弊端，体现了我国部门分割、条块分割的行政体制特点。这种状况必须改变。综合性应急救援队伍的建设刻不容缓。这是因为：

一是突发公共事件往往具有连带性和叠加性，各种风险常常发生耦合。单灾种导向的专业应急救援力量分散于多个部门，缺乏协同，不能有效地应对复合型的突发公共事件。不仅如此，应急救援力量的分灾种、分部门建设造成了应急救援人力资源配置的不均衡，不能实现一队多能，导致了巨大的人力、装备及资金方面的浪费。

二是救援力量缺乏整体合力，不能发挥"1＋1＞2"的协同效应。职能单一的应急救援力量彼此在人事管理上互不隶属，遇险求助不便，联动响应乏力，不能实现协同应急、合成应急。不仅如此，受本位主义的驱使，各个应急救援队伍容易片面地追求自身利益的最大化和责任的最小化，相互推诿、扯皮的现象很难杜绝。

三是救援成本居高不下。在社会主义市场经济条件下，应急救援队伍建设要体现成本-效益的原则。救援队伍分灾种、分部门建设要重复配置装备，不能实现统筹协调。同时，在应急处置过程中，应急管理部门临时组织、抽调的应急救援力量之间因职责不明、机制不顺等产生了巨大的交易成本。

随着我国应急管理机制的不断完善，应急救援队伍建设问题越发受到人们的普遍关注。我国应急救援队伍还存在很多问题，需要尽快建立相应的制度，加以有效解决。我国应急救援队伍建设需要体现以下几个原则：

一是综合应急的原则。具体措施是：建立综合性应急救援队伍，实现部门性专业救援队伍的一队多能，促进专业救援队伍与兼职救援队伍的有机结合。

二是分工合作的原则。具体措施是：打造具有特色专长的专业救援队，突出其各自在专业领域里的优势，同时锻造其多种应急救援能力。在突发事件的处置过程中，以一个部门性专业队伍为主力，其他部门专业性队伍为补充，综合性应急救援队伍为总预备队，兼职救援队伍为外围。

三是军民结合的原则。具体措施是：发挥军队、武装警察、民兵预备役部队在抢险救灾、处突维稳中的巨大作用，开展应急救援技能训练。

四是社会参与的原则。具体措施是：政府扶植企业特别是大型国有企业的专业救援队伍建设；鼓励以志愿者为主体的兼职应急救援队伍的发展。

在实施层面，我们要根据《突发事件应对法》的精神，出台一系列关于队伍建设的配套制度：

一是建立应急救援队伍的行业标准。这包括综合性专业救援队伍的认定或建设标准，企业救援队伍参与公共突发事件处置的准入标准等。

二是建立应急救援队伍的补偿机制。这包括企业、志愿者等救援力量在参与应急处置后获得补偿的渠道和标准等。

三是建立应急救援队伍的培训演练、考核评估制度。各种应急救援队伍在培训演练方面应有一套硬性指标，并参加考核评估。考核评估应当体现开放性的原则和奖罚分明的原则。

四是建立应急救援队伍的保险制度。在特定情况下，兼职救援队伍成员也可以获得人身意外伤害保险。

五是建立应急救援队伍的心理干预机制。在应急过程中，救援人员在身体上面临各种风险，在精神上承受巨大压力。因此，在平时的训练中应对他们进行心理辅导，加强他们在非常情况下的抗压能力。在救援之后对他们提供及时的心理咨询，防止其出现心理危机。

六是建立应急救援队伍的联合培训与演练机制。为了实现不同应急救援队伍之间在应急状态下的协同和联动，需要在平时加强它们的联合培训和演练，按照核心层—紧密层—外围层的思路，明确各自在应急救援中的角色分工：核心层队伍的配设置体现专业处置的原则，紧密层队伍的配置体现一队多能、相互合作的原则，外围层队伍的配置要体现专兼结合的原则。

(三) 如何打造三支应急救援力量

1. 打造基本力量

应急救援既要体现整体协同的原则，也要体现专业处置的原则。为此，我们在加强综合性专业救援队伍建设的同时，也决不能忽视部门性专业救援队伍的建设。

目前，我国的部门性专业救援队伍基本上是以三种形式存在：一是政府组建，有人员编制，由财政拨款，如公安消防部队；二是政府资助，由行业或集团公司组建，如电力、矿山救援队伍；三是企业自筹资金，自行建设。

对于第一种救援队伍来说，建设资金来源于政府的财政拨款，资金保障有力，配备了先进的救援装备，形成了制度化的管理、培训、演练机制以及人员更替制度。它们面临的主要问题是：队伍职能比较单一，仅仅从事某一类突发事件的救援工作。这些队伍需要朝着一专多能的方向发展，提高队伍应对多种灾害的综合救援能力。

第二种主要存在于国有企业中。在实践中，政府给予这类应急救援队伍一定的资金、设备和技术上的支持。但是，它们在自身的发展中还需要解决以下问题：一是为保证队伍的可持续发展，要和政府间建立制度化、经常化、可持续的合作关系；二是落实"政府花钱买服务"的原则，使队伍在本职工作范围外提供社会救援服务后得到适当的补偿，如热力集团抢险救援队在集中供热网络覆盖范围外参加抢险后的材料费和误工费需要得到合理解决；三是政府要制定合理、科学的行业标准，对队伍进行资格认证和考核评估，一旦队伍不能达到从业标准，政府将取消资助；四是队伍在人事制度上要建立吐故纳新的机制，防止队伍年龄结构老化，战斗力下降。

对于第三种救援队伍，企业自身需要探寻队伍的发展模式，可以按照市场化的原则，对外提供救援有偿服务，分次结算。当然，它们对外提供有偿服务时应该达到政府设定的行业标准，并接受政府的监督。同时，政府应建立或规定企业建立补偿制度，对救援人员在应急处置过程中受到的伤害进行合理的补偿。此外，为救援人员购买人身意外伤害保险也是以市场手段分散应急风险的重要渠道。

2. 打造辅助力量

应急救援必须实现专兼结合、群策群力。各种非专业的兼职应急救援队伍是专业应急救援队伍的必要补充。我国的一些非政府组织有着庞大的志愿者队伍，是应急救援不可缺少的有生力量，经常发挥着不可替代的独特作用。

但是，以志愿者为主的兼职救援队伍应急救援专业知识的培训、演练不足，自我防护能力差，容易造成次生、衍生灾害。为此，兼职救援队伍需要专业救援队伍在应急救援、自我防护等方面的知识培训与技能指导。

兼职应急救援队伍需要明确自身在应急救援中的角色分工，承担力所能及的工作。为了真正实现专兼结合，兼职应急救援队伍在平时应与专业救援队伍进行联合演练，磨合合作的机制。

3. 打造突击力量

作为中国武装力量的重要组成部分，武警部队以保卫国家安全、维护社会稳定、保障人民群众安居乐业为根本职能，属于国务院编制序列，由国务院、中央军委双重领导。所以，武警部队的职能、体制、编制自身就具有军民结合的特色。

其实，武警历来是我国应急救援的一支骨干突击力量。武警部队平时主要担负执勤、处置突发事件、反恐等任务，本身就被赋予了很强的应急管理职能，如武警消防部队本身就是我国火灾应急处置的主要专业力量。

目前，世界许多先进国家都从国家战略的高度出发，整合军地资源，实现平时应急、战时应战。其中，武装力量不仅在本国应急救援中扮演着不可替代的重要角色，而且还履行国际救援等非战斗军事任务。应急救援成为其武装力量军事外交的重要组成部分。

组建军地应急救援队是符合国际应急救援发展方向的举动，在全国都具有很强的示范作用。但是，应急救援的军地结合要实现预期的目的还需要采取以下措施。

（1）加强武警应急救援的专业培训

首先，加强对应急管理的相关法律、法规和政策的学习。应急救援的实践离不开理论的指导。武警参加应急救援必须了解相关法律、法规、政策的规定。只有这样，才能既维护公共安全，又保障公民权益，避免造成负面影响。

（2）加强有针对性的技能培训

武警部队有强健的身体素质、严密的组织纪律，训练科目中也有抢险救灾的训练，如武警的训练科目中就有水灾、火灾、旱灾等应急救灾的相关内容。但突发事件越来越需要体现专业处置。为此，武警要能胜任应急救援工作，还需要结合地方应急需要，加强有针对性的培训，提高应急救援队伍的技能。

（3）为武警部队配备专业的救援装备

武警部队有很多可用于应急救援的物资，如运输工具等。但是，由于应急救援可能涉及很多专业领域，需要专业的工具设备来完成救援，如建筑工程事故可能要用到吊车、破拆车，防汛可能要用到水泵等设备，仅依赖部队现有的设备难以满足应急救援的需求。因此，武警部队参加应急救援需要投入专业救援设备来保障救援任务的完成。我们必须建立和完善救援装备投资、使用机制，明确装备的投资主体、使用维护等问题。

（4）加强军地信息共享

武警部队参加应急救援必须要掌握突发事件的相关信息。这需要地方政府应急管理部门与部队实现信息系统互联互通，共享突发事件的相关信息，为部队参加应急救援提供良好的信息保障。机关要及时通报有关险情、灾情的信息。

（5）解决救援队员人身意外伤害问题

应急救援是高风险的工作。在建立应急救援队伍时，我们不能不考虑应急救援队员的人身安全问题。关于武警参加应急救援战士的人身安全问题，不仅要从救援技术、技能层面来提高安全性，更要有制度层面的思考，比如，我们可以考虑通过保险制度来保障救援队员人身安全。

二、应急预案建设

通俗地讲，突发事件应急预案就是突发事件的应急计划。它是应急管理者和相关社会公众在应急管理活动中的行动方案。我国对突发事件应急预案给予了高度的重视，认为它是应急管理体系建设的"龙头"和各级政府应急管理工作的抓手。

（一）正确认识应急预案的作用

应急预案的基本内容包括：① 对紧急情况或事故灾害及其后果的预测、辨识、评价；② 应急各方的职责分配；③ 应急救援行动的指挥与协调；④ 应急救援中可用的人员、设备、设施、物资、经费保障和其他资源，包括社会和外部援助资源等；⑤ 在发生紧急情况或事故灾害时保护生命、财产和环境安全的措施；⑥ 现场恢复；⑦ 其他，如应急培训和演习规定、法律法规要求、预案的管理等。

编制应急预案的主要意义在于：第一，明确应急管理相关主体的责任范围和角色与分工，保证应急管理工作有条不紊地进行。我们提倡突发事件应急管理的社会动员，主张应急管理主体多元化。如果没有预案，各相关主体就可能发生角色冲突或推诿扯皮，贻误战机；第二，有助于我们辨识潜在风险，避免或防止突发事件扩大或升级，从而最大限度地减少突发事件给社会公众的生命、健康和财产造成严重的损失；第三，有助于将突发事件处置与响应的步骤与措施"格式化"，提高应对效率；第四，有利于培养全社会居安思危的忧患意识，塑造预防为主的安全文化氛围。当然，前提是让社会公众参与预案的制订或向社会公众广泛宣传预案。

应急预案建设是突发事件应急准备的一项重要内容。但是，不能将其等同于应急管理准备工作的全部，也不能过分夸大应急预案的作用。相对于应急管理工作整体而言，应急预案建设并不能"毕其功于一役"。更为重要的是，突发事件千差万别、瞬息万变，有些突发事件不确定性极强，预案设想可能与实际情况相去甚远。从这个意义上说，应急预案不是万能的，并非包治百病的灵丹妙药。

可是，没有预案也是万万不能的。没有应急预案，可能引发突发事件的风险就不能被有效识别出来，应急准备工作就可能不够充分，社会公众的生命、健康和财产就会遭受不必要的损失。

还有，应急管理工作可看作应急管理者与突发事件之间的博弈。它需要应急管理者有更多的临机决断，表现出较强的创新能力。一方面，没有预案就没有行动指南，我们必须加强应急预案的建设；另一方面，完全照搬预案也很难奏效，应对突发事件还需要赋予应急管理工作者一定的临机决断权力。如果一个应急管理组织在突发事件来临时仅靠临机决断，那意味着它没有作好应急准备；如果它完全照搬预案，就说明它没有丝毫的创新能力，如何在遵照预案与发挥创新能力之间形成一种动态的平衡，是成功应对突发事件的关键所在。

（二）应急预案建设中存在的主要问题

我国应急预案建设存在着以下几个问题：

一是应急预案的针对性不强。2004年4月发布的《国务院有关部门和单位制定和修订2021年2月突发公共事件应急预案框架指南》和2021年2月发布的《省（区、市）人民政府突发公共事件总体应急预案框架指南》在我国应急管理刚刚起步、许多地方和部门不了解应急预案为何物的情况下，成为预案编制的"模板"，为我国快速形成一个预案体系作出了贡献。但是，由此也形成了我国应急预案上行下效、千篇一律的弊端。各部门、各地方应根据本地的风险评估结果，有的放矢地制订或修订应急预案。

二是应急预案的具体性不强。许多地方和部门制订的应急预案中，照搬上级预案的原则性的语言太多，而具体操作的内容太少。预案层次越高，原则性与总括性应该越强，这样可发挥对下级的普遍指导作用，如国家总体应急预案。预案层次越低或涉及突发事件越专业，应急预案就应该越具体，需要落实"什么事""谁来做""怎么做"等问题。

三是应急预案的实际操作性不强。许多地方和部门制订应急预案后，就将其束之高阁，既没有经过演练，也没有经过实战检验。这样的预案只能作"壁上观"，而不能作"万里行"，其实际操作性势必得不到保障。应急预案要经常经过桌面推演和实战演练两种方式进行检验，进而查找问题，修改完善。但是，"演习"不是"演戏"。我们在进行预案演练的过程中，必须增加逼真性，要以实践检验预案，而不是按预案剪裁实践。

此外，应急预案还应该是动态的和开放的。根据演练或实战检验的结果，我们要定期或不定期地修改预案，不断增强应急预案的可操作性。

四是应急预案的兼容性不强。一个部门或地方制订应急预案必须要照顾上下左右的关系，这样，应急预案才能形成一个完整、统一的体系。特别是许多突发事件的处置过程中容易形成次生、衍生灾害。这使得应急预案的兼容性必须得到高度的重视。但是，由于我国部门分割、条块分割、军地分割、区域分割的现实，各地方、各部门各自为战，实现各级、各类预案的兼容性面临着较大的困难。

五是应急预案的公众参与度不强。社会公众是突发事件的重要承灾主体，也是应急管理的重要参与力量。政府在制订应急预案时应征询社会公众代表的意见，发挥群策群力的优势，使公众知晓自身在应急管理中的角色。这样，在突发事件来临时，公众就能够知道何事可为与何事不可为、做什么与不做什么，从而服从政府的统一指挥和调度。但目前，我国应急预案制订的过程中，不仅社会公众的参与度低，而且一些预案对于社会公众是保密的。

此外，各级政府必须要明确应急预案不是"应付预案"，更不是"免责条款"，要以对社会公众高度负责的精神，认真落实好应急预案的制订工作，使应急预案真正成为应对突发事件的有力武器和得心应手的工具。

三、应急管理的保障体系建设

为了做好突发事件的应急准备，我们必须建立一个有效的应急管理保障体系，其中包括：完善应急管理法律、法规，为应急管理提供法律保障；筹措与管理应急资金，为应急管理建立财政保障；储备应急救援物资与装备，为应急管理建立物质保障；建设应急避难场所，为应急管理建立场所保障；打造应急通信系统，为应急管理建立信息保障。

(一) 应急法律

依法治国理政是我国政府的一个基本理念。在塑造法治政府、责任政府的过程中，我们必须依法应急。因而，我们必须建立强有力的应急法律体系，使应急行为有法可依、有法必依、执法必严、违法必究。目前，我国已经站在国家安全与公共安全的高度，出台了一部应急管理的"基本法"——《突发事件应对法》。这部法律的出台标志着我国应急管理的法制化进程取得了巨大的进步。

长期以来，我国的应急法律、法规多是调整某个单一灾种的部门法，如《中华人民共和国消防法》《中华人民共和国防震减灾法》等。这不能适应现代应急管理对多灾种综合性应对的要求。《突发事件应对法》的颁布、实施有力地扭转了这一局面，因为它具有以下两个明显的特征：

第一，《突发事件应对法》既规定行政部门在紧急状态下可以行使行政紧急权，又维护了公民自由，防止政府滥用紧急行政权，力求在二者之间形成一种平衡。

第二，《突发事件应对法》综合性地应对自然灾害、事故灾难、公共卫生事件和社会安全事件，而不是调整其中的某一类突发事件。

至此，我国已相继制定《突发事件应对法》以及应对自然灾害、事故灾难、公共卫生事件和社会安全事件的法律法规六十多部，基本建立了以宪法为依据、以《突发事件应对法》为核心、以相关单项法律法规为配套的应急管理法律体系，突发事件应对工作进入了制度化、规范化、法制化轨道。

由于《突发事件应对法》需要站在一个较高的高度统摄各类突发事件，因而它具有很强的原则性和概括性。为了真正把《突发事件应对法》落到实处，我们还必须出台配套的制度与措施。各级政府可结合本地情况，制定与《突发事件应对法》相符合的地方法规。并且，各级、各类预案需要按照《突发事件应对法》的精神和规定，重新修改、补充。只有这样，应急管理的规范化与法制化才能变成现实。

（二）应急资金

当突发事件发生时，政府有义务向灾区下拨应急救灾资金。政府的财政拨款是应急财政保障的基础。所以，《中华人民共和国预算法》规定，各级政府预算应当按照本级预算支出额的1%～3%设置预备费，用于当年预算执行中的自然灾害救灾开支及其他难以预见的特殊开支。

高效的应急管理必须实施应急社会动员。也就是说，国家在充分发挥政府应急主导作用的同时，将社会和企业的力量整合起来，形成一股应对突发事件的强大合力。这是一个调动全社会所蕴藏的人力、物力和财力以服务于抗灾救灾大局的过程，可降低应急管理的成本，提高应急管理的效率。

突发事件的发生具有很强的突发性和紧急性。应急决策者要在巨大的时间与心理压力之下，调集大量的人力、物力和财力。这时，仅靠政府的力量，就难免会出现捉襟见肘的尴尬局面，而必须实施社会动员。

总之，我国应急财政资金的来源主要由三个部分组成：财政拨款，社会捐助，政策保险和商业保险。我国应对突发事件的资金主要来自政府财政拨款，少量来自社会捐助，而在应对突发事件中可以起到重要作用的保险还没有发挥其应有的作用。为了体现应急管理的社会动员原则，我们必须实现应急资金筹措渠道的多元化。

企业和社会的捐助不仅可以大大减轻政府的财政负担、提高国家应对突发事件的能力，还激发了社会公众众志成城、和衷共济、迎难而上、敢于胜利的信心和士气，提高了社会的和谐程度，产生了良好的社会效益。

此外，在经济全球化时代，巨灾的应对不仅是各国政府的责任，也是国际社会共同面临的问题。人类需要建立良好的巨灾应对合作机制，其目的是确保人类的生存安全。特别是在全球气候变化影响加剧、特大自然灾害频发的今天，世界各国必须同舟共济。因此，我国应急资金的筹措不仅要实现政府、市场与社会三种力量的组合，而且要接纳国际社会以人道主义为宗旨的、不附加任何政治条件的救灾捐款，以便及时、高效地应对和处置灾害。

(三) 应急物资

应急物资是确保应急管理的重要物质基础。应急物资的储备可分为实物储备、资金储备、生产能力储备和社会储备四种形式。在提高应急物资保障能力的过程中，要四种形式并用。

一般来说，以实物形态储存的物资都是专用性强、生产周期长、不易腐烂变质的物资；以资金或生产能力形式储存的物资都是生产周期比较短、平时储存又不经济的物资；社会储存的物资多为平灾通用型的物资。

1. 实物储备

目前，我国基本是分部门、分灾种储备物资，例如，民政部门和红十字会都有自己的备灾仓库，却未能实现统一调度。各储备单位之间信息不能共享，更不能相互调剂。

2. 资金储备与生产能力储备

应急管理部门应设立充足的应急物资储备金，摸清有关应急物资生产的能力，必要时可与相关应急物资生产厂家签订协议，确保物资需求膨胀时可通过厂家扩大生产能力、应急管理部门统一采购的方式，保障应急物资供应。

3. 社会储备

政府应本着"不求所有，但求所用"的原则，与商家签订储备协议，保障紧急状态下应急物资的供应。至于商家因储存造成的经济损失，政府应予以一定的补偿。此外，我们要动员社会公众准备应急包，其中包括手电筒、哨子、救生索、必备药品及一些五金工具等，以备不时之需。

我国应将防灾、减灾纳入可持续发展战略之中，在经济社会发展战略的整体框架下统筹安排煤炭、石油、天然气、粮食药品等重要应急物资的保障。具体做法包括：一是国家尽快建立煤炭、石油、天然气、药品、粮食等重要应急物资的供应预警系统，对其生产、储备与需求情况进行密切跟踪、及时干预；二是制订多套重要应急物资运输的备选预案；三是按照布局均衡、方便配送的原则，在全国主要交通枢纽城市建设若干个大型应急物资储备库，预置一定数量耐储存、生产周期长的重要应急物资；四是本着平战结合的原则，发挥国防物资动员、国防交通动员的优势，建立应急与应战相统一的物资储运指挥、调度平台。

（四）避难场所

应急避难场所可新建，也可指定。城乡建设还可统筹规划，使娱乐设施与应急避难场所建设齐头并进、同步进行。例如，北京市昌平区将应急避难场所建设纳入永安公园的规划和建设内容。

在国外，学校、医院和教堂常常在灾害来临时被指定为应急避难场所。应急避难场所应有明显、统一的标识，方便社会公众识别。此外，在紧急状态下，政府也可以临时征用一些建筑作为应急避难场所。不过，事后政府应支付一定的征用补偿。

应急避难场所都应具有以下三个特点：

第一，安全。应急避难场所应该设在远离危险源的地方，可避免社会公众遭受二次伤害。

第二，方便。应急避难场所应做到设施齐全，方便社会公众生活。

第三，就近。应急避难场所的建设要考虑周围社会公众的数量，方便其避难，一般以步行 5～10 分钟到达为宜。

（五）应急通信

应急管理离不开信息。应急通信是应急管理者的"千里眼"和"顺风耳"。突发事件是不断演变的，这就需要应急管理者进行动态的决策，不断地根据事件的发展发出各种指令，进行应急资源调配。通信就起着信息桥梁的作用，是决定应急决策是否及时和准确的关键因素。

通信工具除了要兼容之外，还要高中低档相搭配。在某些情形下，越是先进的、技术含量高的设备，可能受到外界的影响就越大。所以，发展应急通信，要依靠科技，但不依赖科技。

四、公共安全教育

社会公众能否采取及时、有效的避险逃生行动，能否做到临危不惧、临危不乱，这在很大程度上取决于他们对于风险的认知程度，取决于他们是否具有足够的自救、互救的意识和技能。因此，开展公共安全教育对于突发事件的准备来说是不可缺少的。

（一）公共安全教育的必要性

1. 增强忧患意识

公共安全教育可以向社会公众传授有关突发事件的知识，增强防范突发事件的意识。

一个人如果缺少与应急相关的知识和意识，就会"盲人骑瞎马，夜半临深池"，处于险境而不自知。

2. 提升风险认知能力

人是受意识支配的动物。如果对风险没有正确的认知，人就不会采取相应的避险行动。在我国农村，基层应急管理干部在动员社会公众避险疏散时常常遇到阻力。这也从一个侧面说明了平时我们的公共安全教育没有到位。如果我们平时注重对公众的公共安全教育，突发事件来临时我们的应急管理工作就能得到社会公众的理解和支持。

3. 提高自救与互救技能

公共安全教育可以培养社会公众紧急状态下自救与互救的技能。

4. 增强公众判断力

突发事件发生期间，各种流言蜚语很容易滋生。我们常说，谣言止于智者。所谓的智者，无非是接受过良好公共安全教育、具有一定判别是非能力的社会公众。如果社会公众缺少公共安全教育，他们就很容易为谣言或流言蛊惑，甚至会采取非理性的响应过度的行为。响应不足与响应过度同样是应该避免的。

5. 培养公众良好的心理素质

突发事件发生后，人最需要镇定、信心和勇气。而镇定、信心和勇气不是与生俱来的，与公共安全教育是分不开的。只有接受了适当的公共安全教育，社会公众才能做好应对突发事件的心理准备，关键时刻才能急中生智，而不是人急无智、恐慌不堪。

此外，公共安全教育还能够提高公众的应急响应效率。在紧急状态下，人们几乎没有时间进行理性的思考，所采取的行为基本上是近似于本能的格式化行为。公共安全教育就能使人迅速做出正确的格式化行为。

(二) 自救、互救与公救

应急管理是政府最为核心的职能之一。它所提供的产品是公共安全，即确保社会公众的生命、健康与财产不受各种突发事件的侵袭。作为一种公共产品，公共安全具有受益的非排他性与效用的不可分割性。从这个意义上讲，政府在应急管理中占据主导地位，有责任、有义务对遇险或遇难的公众进行救助。而且，政府所掌握的人力、物力和财力是其他组织所不具备的。但是，在一些情况下，政府的救援力量不能够及时赶到。在这种情况下，社会公众的自救、互救特别重要。

由于突发事件日趋常态化，我们必须开展行之有效的公共安全教育，塑造"人人重视公共安全"的良好文化氛围，增强社会公众防灾、减灾的意识、技能，引导社会公众在巨灾面前遵守秩序、相互合作、文明礼让、关爱弱者。

从根本上说，公共安全教育是一个思想意识问题。我们的公共安全教育必须坚持日常化与制度化，需要持之以恒、坚持不懈，进而把公共安全意识内化为我们民族的一种素质。总之，公共安全教育是人命关天的事情。它不是一种无关痛痒的空洞说教，更不是一种追求轰动的作秀行为。突发事件的准备中，公共安全教育是必不可少的重要一环。

第三节 突发事件的处置

突发事件的处置是应急管理的核心环节。我们采取严密的防范措施，却并不能完全避免突发事件的发生。当突发事件发生后，我们要在精心准备的基础上，根据突发事件的性质、特点和危害程度，及时组织有关部门，调动各种应急资源，对突发事件进行有效的处置，以降低社会公众生命、健康与财产所遭受损失的程度。

一、突发事件处置的流程

（一）突发事件处置的六个原则

2006 年 1 月 8 日，国务院发布的《国家突发事件总体应急预案》中提出了六个"工作原则"："以人为本，减少危害；居安思危，预防为主；统一领导，分级负责；依法规范，加强管理；快速反应，协同应对；依靠科技，提高素质。"这六项工作原则是就我国突发事件的预防与处置而言的。这 48 字原则中，许多适应突发事件的处置。在此基础上，突发事件的处置应具有如下原则。

1. 以人为本，减轻危害

突发事件会产生多种威胁，造成多种损失。因此，应急处置可能面临多重价值目标的选择。我们要坚持"先救人，后救物"的原则，把挽救生命与保障人们的基本生存条件放在首要位置，而不是舍本逐末。

同时，突发事件现场安全情势很不稳定，我们必须高度关注应急救援人员的人身安全，有效地保护应急响应者，避免次生、衍生灾害的发生。这也是突发事件处置"以人为本"的表现。

2. 统一领导，分级负责

应急处置工作需要管部门甚至跨地域调动资源，因而必须形成高度集中、统一领导与指挥的应急管理指挥系统，实现资源的整合，避免各自为战，确保政令的畅通。其中，统一领导的关键是要在各级党委的领导下，发挥政府的主导作用，调动全社会的力量，形成应急的合力。在我国，党管干部的原则和党的网络化组织是我们应对突发事件的法宝。

同时，应急处置要坚持分级负责的原则，即按照突发公共事件的分级，依据各级各类应急预案要求，由相应级别的应急指挥机构作出果断决策，具体进行处置。

3. 社会动员，协调联动

突发事件往往因其涉及范围广、社会影响大，超出了某个政府部门甚至某级地方政府的控制能力，需要开展社会动员、实现协调联动：一是整合政府、企业和第三部门力量，形成共同治理突发事件的网状化格局，发挥整体效能；二是突发事件发生地政府同周边地区政府建立同声相应的应急互助伙伴关系，统筹调动人力、物力、财力资源；三是要充分发挥武装力量在应急救援中的突击队作用，体现军民结合、平战结合的精神。

4. 属地先期处置

不论发生哪一级别的突发事件，属地都要及时地展开先期处置，以防止突发事件的事态进一步扩大、升级，尽可能地减少突发事件给社会公众生命、财产和健康安全所带来的损失。这是因为：属地是突发事件的事发地，熟悉当地的情况；属地可以在第一时间内赶赴突发事件事发现场，有助于把突发事件消灭在萌芽状态。

5. 依靠科学，专业处置

在应急处置过程中，我们要充分利用和借鉴各种高科技成果，发挥专家的决策智力支撑作用，避免不顾科学地蛮干。同时，我们也要充分利用专业人员的专业装具、专业知识、专业能力，实现突发公共事件的专业处置。突发事件的救援可以是综合性的，但处置必须尊重科学，体现专业处置的原则。否则，突发事件的危害就有可能进一步扩大，甚至伤及应急救援者。

我们必须落实"科学应急"的原则，充分发挥应急专家"外脑"的作用，使突发事件处置能够依法、科学、有序地进行，进而减少不必要的生命、财产损失。

6. 鼓励创新，迅速高效

由于突发事件的演化瞬息万变、不确定性强，这就要求我们根据实际需要，打破常规，大胆创新，务求应急处置的迅速和高效。特别是，我们可以援引《突发事件应对法》的相关规定，行使行政紧急权，在紧急状态下特事特办，简化应急处置程序，以迅速控制事态发展，最大限度地减少突发事件造成的损失，挽救更多人的生命和财产。当然，在应急处置的过程中，我们必须既要维护公众秩序、保证公共安全，又要维护公民权利、保障基本人权，防止行政紧急权力的滥用。

(二) 突发事件处置的十个环节

为了科学、高效地处置突发事件，我们必须为突发事件处置确立一个工作流程。突发事件的一般响应程序包括以下十个重要的环节。

1. 接警与初步研判

应急管理部门及110、119、120、122等单位的值班人员在接到事发地有关部门或社会公众的报警后，应详细询问、记录有关突发事件的情况，其中包括事件发生的时间、地点、性质、规模及人员伤亡或财产损失情况。之后，接警人员应视突发事件的严重程度，向相关领导及时报告。有关领导在接到报告后，应尽快组织相关工作人员，对突发事件的级别和管辖范围进行初步研判。突发事件超出自身管辖范围时，应迅速向上级机关报告。

突发事件处于不断的演变之中，并且社会安全事件的演进还并不遵从线性发展的规律。因此，突发事件初始阶段的研判往往并不准确。它需要领导干部具有把握全局、审时度势、高瞻远瞩的素质和决断力。一般情况下，在突发事件损失情况不明的情况下，对级别的判断应本着"就高不就低""宁可信其有，不可信其无"的原则。同时，对于敏感时间、敏感地点发生的突发事件或性质本身就非常敏感的事件，应急管理部门应给予特别的重视，分级要从高。比如，发生在天安门广场的突发事件就应受到格外的重视，因为时间、地点或性质的敏感会放大突发事件的损害结果或舆论效应。

2. 先期处置

我国应急管理体制的特点之一是以属地为主。不论是哪一级的突发事件发生，事发地人民政府在迅速上报的同时，应派员迅速赶往突发事件现场，核实、观察突发事件的情况和发展态势，并就近组织应急资源进行先期处置，防止突发事件扩大升级。与此同时，现场工作人员边处置、边汇报，不断将突发事件的最新信息传递给应急管理部门。

在先期处置的过程中，应急管理人员应该先避险，再抢险，组织事发现场周围的社会公众进行有效的应急疏散。在确保突发事件不会对周围社会公众造成新的损害后，现场应急管理人员再进行抢险救援。在遇险群众危在旦夕的情况下，应急管理人员也可同时进行周边公众疏散和抢险救援，但前提是确保周边公众不会受到伤害。

如果突发事件性质比较特殊，例如，核与辐射事故发生，就需要专业救援人员进行专业处置。现场应急管理人员应着力做好周边公众的转移，维护现场秩序，进行力所能及的处置，等待专业救援队伍的到来，切不可冲动蛮干。当专业应急救援队伍到来后，现场应急管理人员应做好道路引领、秩序维护和后勤保障的工作。

3. 启动应急预案

当突发事件的级别被确定后，按照分级响应的原则，拥有相应管辖权的人民政府应启动应急预案，调集应急救援队伍、应急救援物资，派出应急协调人员和专家赶赴突发事件现场，并成立突发事件的现场指挥部。交通部门应全力保障救援队伍和救援物资到达事发现场。当然，在突发事件继续扩大升级的情况下，所启动预案的级别应相应地作出调整。

4. 现场指挥与协调

现场指挥部应由有关部门、军地领导、专家学者联合组成，履行对突发事件处置进行协调的职能。指挥部选址应遵循安全、就近的原则。现场指挥部应根据突发事件的现状和趋势，科学、合理、果断地确定应急救援方案。

特别是，现场指挥部一经确定，就必须被赋予现场救援的完全管辖权。各级领导可对现场指挥提出建议。但是，应急管理的实践要求我们必须是"谁拍板，谁负责"，而不能是"谁官大，谁说了算"。对于性质特殊的突发事件，专家应发挥辅助决策的作用，向现场指挥部提出自己的建议。

5. 抢险救援

在应急救援的过程中，各相关部门应各司其职、密切协作，有关队伍服从指挥、相互配合。公安干警应封锁现场，设立警戒区域，进行交通管制，维护现场秩序，确保道路交通的畅通，并防止刑事犯罪的发生；医疗卫生部门应派出医护人员赶赴现场，救治、转运伤员；环保部门应对事故现场进行环境监测；专业救援队伍应携带专业救援装具赶赴现场救援。必要时，人民解放军、武警部队和民兵预备役部队也可投入应急救援之中。需要强调的是，抢险救援必须对现场的危险源进行监测，保护受困人员和救援人员的安全，防止次生、衍生灾害的发生。

在应急救援的过程中，抢险救援人员还应该先救人，后救物。这是因为：首先，人的生命是不可复制的，而物质财富是可以再创造的；其次，被抢救出来的人可能会成为应急救援的补充力量。当然，如果可以判别，救援人员应先救医务工作者和青壮年。他们的加入将为应急救援增添有生力量。

6. 扩大应急

在进行突发事件处置时，如果事态恶化、难以遏制，突发事件现场指挥部应启动扩大应急机制，及时向上级人民政府请求支援，加大应急救援队伍、物资、装备、资金等方面的投入力度，防止突发事件的进一步恶化。

7. 信息沟通

突发事件现场指挥部应将突发事件的发展情况和处置的信息及时上报给有关政府领导。同时，还应建立新闻发言人制度，将处置的最新信息发布给社会公众，以避免谣言和流言，做好社会舆论的引导工作。

8. 临时恢复

应急救援活动结束后，环保部门也要对受突发事件影响的地区进行监测，卫生防疫部门要对疫病的流行进行监控，防止次生、衍生灾害的发生。同时，有关部门要清理现场和废墟，进行人员清点和撤离，解除警戒，开展善后处理和事故调查等。

9. 应急救援行动结束

现场指挥部撤销，应急预案关闭，应急救援行动结束。当突发事件的威胁和危害得到控制或消除后，履行统一领导职责及组织处置工作的应急管理部门应当即刻停止已采取的应急处置措施。

10. 调查评估

对突发事件的起因、性质、影响、责任、经验教训等问题进行调查评估，并依法追究相关责任人的责任。

以上十个环节虽然并非完全按照突发事件应急处置的时间顺序排列，但反映了突发事件应急处置所需要重点关注的问题和步骤。应急管理是应急管理者与突发事件之间的动态博弈。它要求应急管理者不仅要遵循既定之规，还要求应急管理者具有一定的临机决断能力和创新能力。

二、突发事件的处置措施

突发事件处置是一种强制性行政应急措施，其目的是：为处置与救援工作的顺利开展创造条件，维护公共安全和社会秩序。突发事件的处置往往会限制部分公民或组织的人身、财产等权利，但其前提是更加有效地保护更大范围内更多公民和组织的生命、健康和财产。因此，突发事件的处置必须依法进行。

（一）自然灾害、事故灾难和公共卫生事件的处置措施

1. 救助性措施

我国突发事件处置坚持"以人为本"的原则，将社会公众的生命安全放在首位。因此，在突发事件已经发生或即将发生时，应急管理部门必须有效地组织人员对伤者进行救治，组织受到或可能受到突发事件影响的社会公众进行安全疏散，并予以妥善的安置。因此，我们在突发事件的处置过程中要先避险、后抢险，先救人、后救物。

2. 控制性措施

突发事件发生后，应急管理部门应当对危险源、危险区域和所划定的警戒区逐层实施有效的静态控制，同时进行交通管制以实施有效的动态控制。这样，应急处置活动就会有一个比较有利的外部环境，突发事件的扩散和升级就能够得到有效的遏止，应急救援队伍、装备和物资也能够顺利地到达事发现场。

3. 保障措施

突发事件发生后，基础设施部门应当及时修复被灾害损毁的公共设施，如公路、机场、码头、铁路等。现代社会的正常运转高度依赖于基础设施。为了恢复社会生产、生活的正常秩序，在应急处置过程中对基础设施应该格外加以重视。不仅如此，基础设施的修复还可以稳定社会公众情绪，并有力保障应急救援队伍、装备和物资的运输。

此外，在处置的过程中，应急管理部门还要确保食品、饮用水、燃料等基本生活必需品的供应，使社会公众有水喝、有饭吃、有地方住、患病可及时得到医治，实现大灾之后无大疫。这些都是灾时民生保障的基本措施，可防止受灾地区社会矛盾激化。南方暴风雪

期间，保供电、保交通、保民生的"三保"政策有效地防止了突发事件的扩大升级。

4. 预防性措施

在突发事件处置的过程中，应急管理部门不仅要着力减轻已经造成的损害结果，还要对有关的设备、设施以及活动场所潜在的风险进行排查，并采取有效的预防性措施，防止社会公众蒙受新的损失。比如，伦敦地铁爆炸案发生后，在场的应急管理人员要求禁止使用手机，目的是防止手机信号引爆未被发现的炸弹。

人员的密集活动和某些生产生活活动可能会加剧突发事件的影响或成为突发事件新的诱因，比如传染性疾病的扩散。为此，在必要的情况下，可取消、中止人员密集活动或停止某些生产活动。此外，应急管理部门还要注意防止各种次生、衍生事件的发生，比如自然灾害引发的群体性突发事件。

5. 动员性措施

突发事件的处置不能缺少强有力的资金、物资和人力保障。应急管理部门需要启用本级政府的财政预备和应急物资储备。必要时，应急管理部门可开展社会动员，紧急征用企业、社会所储备的物资、设备、设施、工具。当然，应急活动结束后，政府应给予被征用单位以适当的补偿。这样，紧急征用活动才具有可持续性。此外，社会公众有义务参与突发事件的处置工作。特别是有特定技术专长的社会公众，更应在突发事件处置的过程中发挥自己的独特作用。

6. 稳定性措施

突发事件发生后，商品供应可能出现短暂性的奇缺。一些人可能会囤积居奇、哄抬物价、制假售假，扰乱市场秩序。还有些不法分子趁火打劫，可能利用突发事件造成的混乱局面进行违法犯罪活动。这些都会造成不必要的社会混乱，干扰应急处置工作的开展。因此，应急管理部门应协调国家执法机关，采取有效的稳定性措施，严厉打击违法犯罪活动，为突发事件的应急处置创造一个良好的外部环境。

(二) 社会安全事件处置的五大措施

1. 强制隔离措施

当社会安全事件发生时，应急管理部门应协调公安机关根据事件的性质和危害程度，依法采取果断行动，进行强制干预，将冲突双方隔离，有效地控制现场事态，维持正常的社会秩序。

2. 保护控制措施

社会安全事件发生后，特定区域内的建筑物、交通工具、设备、设施等可能会成为破坏对象，需要进行重点保护。燃料、燃气、电力、水等供应关系着千家万户，涉及国计民生，应急管理部门应协调公安部门，对其采取必要的控制性措施，避免社会安全事件影响的扩散。

3. 封锁限制措施

社会安全事件发生后，公安部门要实施现场管制，对出入封锁区域人员的证件、车辆、物品进行检查，限制有关公共场所内的活动。这有助于及时维持处置现场秩序，抓获犯罪嫌疑人，避免新的社会安全事件的发生。

4. 重点保卫措施

国家机关、军事机关、国家通讯社、广播电台、电视台、外国驻华使领馆是易受社会安全事件冲击的关键部门。在现实中，这些部门经常是群体性突发事件中公众表达利益诉求、发泄不满情绪的对象。为此，在处置社会安全事件的过程中，我们要重点加强对以上机关的保卫工作。

5. 其他合法措施

由于社会安全事件千差万别，在必要的情况下，我们可依照法律、行政法规和国务院的规定，采取以上四种措施之外的其他措施。

目前，金融危机对我国经济社会的影响正在逐渐显现。它可以被视为严重影响经济运行的事件。我们可将其看作社会安全事件中的一种。发生突发事件，严重影响国民经济正常运行时，国务院或者国务院授权的有关主管部门可以采取保障、控制等必要的应急措施，保障人民群众的基本生活需要，最大限度地减轻突发事件的影响。

三、突发事件处置的决策

突发事件发展具有很强的不确定性。在突发事件处置的过程中，应急管理者要在巨大的时间、心理压力之下作出决策。所谓的决策，就是对即将采取的处置行动的方向、目标及其实现原则和方法所进行的分析与选择。突发事件处置决策属于应急决策，是一种非常规决策。它是在信息高度不确定的状态下进行的，是一种挑战大、难度高的决策。

(一) 应急决策的特点

应急决策是一种非常规状态的非程序化决策，具有紧急性、主观性、有限性、渐进性和时效性等特点。通常，影响应急决策的不利因素包括：① 界定不清的目标及结构不良的任务；② 不确定性、模糊性和缺失的数据；③ 不断变换及相互竞争的目标；④ 动态的、持续变化的条件；⑤ 行动反馈循环（对变化了的条件作出实时的反应）；⑥ 时间压力；⑦ 高风险；⑧ 多重主体（团队因素）；⑨ 组织目标与标准；⑩ 经验决策者。

因此，应急决策者所处的环境与常规决策者不同。在应急决策环境中，信息来源于多个渠道，既模糊不清，又残缺不全，且变动不居。不仅如此，决策者面临巨大的时间和心理压力，追求的是令人满意的目标，而不是最优的目标。在常规决策环境下，人们可以选择最优方案、实施同步评估，而这在应急决策中几乎是不可能做到的。

（二）应急决策者的素质

突发事件处置是应急管理的关键环节。应急处置决策的非常规性决定了应急管理者需要具有以下素质方面的要求。

1. 决断与创新能力

突发事件突然发生并对社会公众的生命、健康与财产安全造成严重的威胁，并且，突发事件的起因、演进路线和未来的发展方向不明。在这种情况下，突发事件决策者不能通过民主协商的方式反复斟酌，必须当机立断，作出抉择。同时，在紧急状态下，应急决策者具有较大的自由裁量空间。决策是否正确不仅取决于决策者的经验，还取决于决策者的胆识和创新精神。在突发事件处置的过程中，应急管理者切勿唯唯诺诺，一味上交决策权以推卸责任，也不要因循守旧，照搬预案。否则，这些行为会使人在游移不定中贻误战机。

2. 前瞻与推断能力

突发事件的决策关系到社会公众的生命健康与财产安全，也关系到应急管理决策者自身的前途与命运。但是，决策者掌握的信息和时间都非常有限，并且决策的后果也难以预料。决策者必须在既往处置突发事件丰富经验的基础上具有强大的前瞻能力与推断能力。

3. 灵活应变能力

突发事件的情势在不断变化。这要求应急管理决策者灵活、机动，具有很强的权变决策能力和临机决断能力。

可见，突发事件处置对决策者个人的要求非常高。这就要求我们的领导干部注重学习突发事件应急管理的基本知识，积累处置突发事件的经验，提高个人方方面面的素养。只有这样，在突发事件处置中，才能做到临危不惧、处变不惊、多谋善断、灵活果敢。

应急处置决策需要临机决断能力，但绝不是说不要预案。预案可以使应急决策者有案可据，起到减缓心理压力、缩短决策时间的作用。同时，应急预案也可以保障应急决策的制度化和规范化。

四、突发事件处置中的重要问题

在突发事件处置的过程中，避免次生灾害、保护应急救援队伍、进行现场指挥、实现应急联动是应急管理者必须面对的四个重要问题。只有解决好这四个问题，应急处置才能实现高效、有序。

（一）如何防范次生灾害

在汉语中，次生是指"第二次生成的、间接造成的、派生成的"。灾害链中最早发生的起主导作用的灾害称为原生灾害，而由原生灾害所诱导出来的灾害则称为次生灾害。

在处置过程中，我们必须以动态发展和普遍联系的眼光来观察突发事件。在现代社会里，突发事件的危害具有很强的连带性和扩散性。这就要求我们处置突发事件时必须要实现部门之间的协调。

根据应急处置实践，我们不仅要具备系统性、前瞻性的思维，也必须注重寻求安全过程中的风险。比如，在疏散社会公众的过程中必须考虑疏散路线及应急避难场所是否安全，避免社会公众受到二次伤害。

为了预防次生事件，必须打破各自为战的局面。在现实中，各自为战的结果可能造成次生灾害的发生。在处置一种灾害的过程中可能又引发了另一种灾害。例如，在南方暴风雪灾害处置的过程中，由于抗冰保交通任务迫在眉睫，使用了大量的氯盐融雪剂，没有综合考虑其对环境的破坏作用。结果，京珠高速公路边韶关的一些村镇的水源受到污染，南京长江大桥路面被防滑链碾压得千疮百孔，等等。

因此，为了避免在处置突发事件的过程中发生次生灾害，必须反思"不惜一切代价"这个口号，必须在应急预案的制订过程中就考虑各类突发事件可能引发的次生灾害。在具体处置的过程中，现场指挥部要加强各相关部门的协调，防止"处置一场灾害却引起另外一场灾害"的现象。突发事件会对环境造成长久的影响，环保部门是处置突发事件的最后撤出部门。应在应急处置的过程中要多听取环保专家的建议。

（二）如何保护应急救援队员

突发事件处置是一项高风险工作。在实际工作中，应急管理者必须注意保护应急救援队员。近年来，应急救援队员因公殉职的现象屡有发生，给我们敲响了警钟。保护应急响应者，这是突发事件处置的一项重要任务。

保护应急响应者，首先需要多一些"以人为本"的意识，鼓励应急救援队员赴汤蹈火的英雄主义精神，也要大力提倡珍惜生命、科学救援。在实际处置工作中，应急管理者应注意救援队员的轮换和劳逸结合，不能使个别队员过分透支体力，并根据队员的个人特点分配不同的救援任务。

平时多流汗，战时少流血。我们应尽快建立应急救援队员的资格考评与分类体系，在平时的训练中对应急救援队员严格要求，增强其自我防护的意识和技能。同时，也应该为应急救援队员配备必要的防护装具和通信工具。

保护应急救援队员，这其中也包括对应急救援队员及时地进行必要的心理干预。在突发事件处置的过程中，他们可能会长时间目睹惨烈的灾害场景，心理受到一定的影响是正常的。问题的关键是：应急救援队员也需要一定的心理干预来舒缓和释放心理压力。

（三）如何进行现场指挥

在突发事件的处置过程中，现场指挥部应该被赋予全权。近年来，我国突发事件应急管理推行问责制，引发了一场场"官场地震"。突发事件发生后，各级、各部门领导纷纷赶赴事发现场，靠前指挥，发布指示。这经常会导致现场秩序混乱、令出多门，令现场指挥人员无所适从。而众多领导的指示往往又不统一甚至相互矛盾。结果，现场指挥部的权力被僭越，实际上造成了"谁官大，谁决策"的局面。有时，事发地政府和现场，指挥部还不得不在百忙之中抽身接待各级领导，给现场处置带来了诸多的不便和麻烦。

突发事件应急处置是一项技术含量很高的具体工作。领导者必须具备三种技能：技术技能（业务能力）、人际技能（处理人际关系的能力）和概念技能（抽象和决策能力）。为了有效地监督和指导具体工作，领导者的层次越低，对技术技能的要求越高。为此，高层领导一般应做到"帅不离位"，对具体的应急处置工作可给予方针、原则方面的指示，但不应干预现场处置工作。其实，在突发事件处置中，各相关部门之间的应急协调是很难解决的问题，这时，高层领导干部需要着力对此加以协调。

当然，在群体性突发事件处置的过程中，高层领导干部需要直接与社会公众对话。就目前情况来看，我国群体性突发事件多是社会公众合理利益诉求与非理性表达方式的交织。群体性突发事件的根源是社会矛盾与问题，其解决的根本途径在于出台合理的公共政策。在此情形下，高层领导干部因掌握更多的职位权力，可审时度势作出决策，能安抚社会公众情绪，化解群体性突发事件。

突发事件的处置要发挥管理专家和技术专家的作用，发挥其"外脑辅助决策"的作用，以增强决策的科学性。但是，现场指挥不能唯上是从，也不能唯专家是从，因为专家只是决策的辅助和支持力量。

总之，在应急处置的过程中，现场指挥部要被赋予充分的权力。应急管理人员在广泛听取各方面意见的基础上，要发挥自身的智慧和创造精神，果断作出决策。在确保决策者和指挥者对公共安全负责的同时，也应给予他们更为宽松的决策环境。应急管理者没有宽松的决策环境，就没有想象力，也就没有创新性的决策。在突发事件不确定性极强的今天，创新对于应急管理人员来说是必不可少的。

（四）如何实现应急联动

在处置突发事件的过程中，我们需要进行应急联动，打破部门分割、条块分割、军地分割，形成协同应急、合成应急的局面。也就是说，应急联动需要注重以下四个方面。

1. 部门联动

在处置突发事件的过程中，部门分割、各自为战是大忌。它不利于我们对突发事件进行综合性的处置。特别是，在处置有关基础设施的突发事件中，水、电、气、热等部门因管网之间的相邻关系，更应彼此配合。

2. 条块联动

以往，我们在处置突发事件时强调"条块结合，以条为主"，其主要特点是对突发事件分部门应对。今天，我们在处置突发事件时强调"条块结合，以块为主"，其主要特点是对突发事件进行综合性的应对。那么，属地政府在应急处置过程中，要主动联系属地内的中央直属部门、企业等单位，密切双方的合作关系。

3．地域联动

突发事件往往会影响多个行政区域或扩散到某一行政区域之外。因而，相邻省市应建立地域联动机制，互为掎角之势，在处置突发事件方面相互支持。否则，地域分割会给突发事件的处置效率带来严重的影响。例如，在南方暴风雪期间，有的省份高速公路开放，而有的省份高速公路封闭。这严重地影响了人员和物资的流动，增加了滞留旅客的数量。

4．军民联动

这里的"军"泛指武装力量，包括人民解放军、武警官兵和民兵预备役部队。他们是我国处置突发事件的骨干和突击力量。特别是在巨灾条件下，他们更能临危受命、力挽狂澜。军民联动最大的障碍就是军地双重领导体制。为了实现军地联动，我们必须在现有的体制下探讨军地合作的机制，使军地合作在处置突发事件方面更为顺畅。

此外，在经济全球化的时代，突发事件还会跨越国界，外溢到他国。在这种情况下，我们应该建立跨国应急处置联动机制。特别是边疆省份需要根据风险评估的结果，通过外交渠道，与相邻国家建立突发事件处置方面的合作关系。

突发事件处置过程中的应急联动是以平常的机制建设为基础的。例如，相邻省份之间可建立区域性的联动机制，有大江、大河流经的省份可建立流域联动机制，共享突发事件的信息，经常开展灾情会商和联合演练。只有这样，突发事件处置时才能步调一致。在国内突发事件应急联动中，我们必须坚持党委的统一领导。如果联动存在障碍，可求助于共同的上级来加以协调。在突发事件的国际合作方面，可通过外交部进行协调。

（五）如何发挥基层组织的作用

基层组织在突发事件处置过程中具有无可替代的重要作用。他们最了解事发地的社情民意和周围环境，可以将突发事件消灭在萌芽状态或起始状态。即便突发事件超出基层的处置能力，他们也能够成为外援力量不可缺少的助手，开展道路引导、秩序维护、后勤保障等方面的工作。因此，我们要提高基层组织的应急处置能力，引导社会公众积极开展自救、互救，有序地参与、协助应急处置。

（六）如何消除流言和谣言

在《辞源》中，"流言"被解释为散布没有根据的话（动词）；带有诽谤性质的话。"谣言"则被解释为民间流传评议时政的歌谣，或没有事实根据的传闻。但在传播学中，一般认为，流言有自然产生的，也有人为制造的，但大多与一定的事实背景相联系；而谣言则是有意凭空捏造的消息或信息。谣言和流言都是没有根据的。一般而言，谣言是恶意的，而流言则是中性的。

由于突发事件与社会公众的生命、健康与财产安全密切相关，人们往往会产生焦虑、悲观甚至绝望等情绪。这使得流言和谣言在突发事件的处置过程中极易产生。其主要原因是：突发事件具有高度不确定性。

信息在传播的过程中经过的层次越多，被扭曲的可能性越大。在流言和谣言传播的链条中，每个传递者都对信息的内容进行了不同程度的加工与修改。他们会根据自身的偏好，对所接收的信息有所取舍。然后，在传递给下一个受众之前，他们会将信息进一步地逻辑化，修改所接受信息的残缺之处。因此，在编码—解码—编码这样一个循环往复的运动中，流言和谣言越传越像真的，并且生出多个"版本"。

因此，在突发事件处置的过程中，政府应对流言和谣言的最佳途径就是及时通过权威媒体，将突发事件及相关处置情况公之于众，在第一时间抢占信息高地。至少，流言与谣言一出笼，政府就应该立即予以应对。目前，通过新闻发言人制度进行突发事件信息披露是一个比较有效的办法。它可以有效地减少信息传递的层次，迅速地将真实的消息传递给范围广泛的受众。

流言与谣言是产生和制造恐慌的原因之一。人们在面临某种直接威胁时，经常产生紧张心态和不协调的反常行为，这就是恐慌。社会公众过度的恐慌可能会给突发事件的处置带来不利的影响。要避免社会公众的过度恐慌，应急管理部门应平时积极开展公共安全教育，提高社会公众的心理承受能力。在突发事件发生后，应急管理部门应及时向社会公众发布有关突发事件的权威信息，遏制流言与谣言的蔓延。

五、突发事件的问责与调查评估

突发事件的问责无疑会强化政府官员的责任意识。但是，问责制必须与调查评估联系起来，以提高问责的科学性、合理性。在实践中，为平息社会公众的舆论、避免次生事件发生，问责往往在突发事件的处置期间进行。

(一) 突发事件问责与调查评估的关系

问责无疑增强了领导干部的责任意识，但领导干部责任意识的增强并不意味着应急管理工作效能的提高，监管前者是后者的一个重要条件。在问责的同时，还要对突发事件进行调查评估，查找应急管理工作方面的漏洞与缺陷。决不能因忙于问责，而忽略了吸取教训、积累经验、改善应急管理的学习过程。仅仅满足于将一些地方官员撤职查办以平息社会舆论，这不会提升应急管理的效能。要提升应急管理的效能必须认真地对突发事件进行调查评估。

不仅如此，责任追究的前提条件是查明责任人，划清责任。只有这样，才能进行合理的问责。突发事件发生后，高官被问责，这确实有助于提高官员对应急管理的重视程度。但是，问责必须以调查评估为基础，调查评估又必须考虑政府部门的职能及公务员岗位职责。否则，问责就不能令人信服。

如果问责缺少科学依据，官员们就不能对自己的行为结果有一个合理的预期，其影响是消极的：一是容易导致反应过度，浪费大量的钱财；二是容易因为害怕承担责任，造成在突发事件中的临机决断不够，以致贻误战机。

总之，问责制必须与调查评估结合起来，才能发挥其应有的作用。但是，调查评估的目的并不是单纯为了问责，必须忠实于事实及数据，作到客观、公正。还有，我国应急管理问责制的形式基本是政府内部问责，缺少外部问责，没有社会公众的有效监督，这也是问责制存在的重要缺陷之一。

（二）调查评估的意义

根据现代汉语词典的解释，所谓的"调查"是指"为了解情况进行考察"（多指到现场），而"评估"是指"评议估计、评价"。可见，调查是获取信息的过程，而评估则是根据所获取的信息进行主观评价的过程。两者是相辅相成、相互统一的，调查是评估的基础，即精确的评估要建立在科学、全面的调查基础之上。基于以上认识，应急管理调查评估就是指对突发事件及其预防与处置进行考察并获取必要的相关信息，在此基础上开展评价与判断的活动。

我们开展应急管理调查评估，其根本意义在于提高应急管理工作的效能。就应急管理工作的整体来看，调查评估的意义主要包括两个：第一，及时总结教训，弥补应急管理的缺陷和不足；第二，及时总结经验，完善应急管理的体制、机制、法制和预案。这样，应急管理部门就可以在应对突发事件的过程中提高管理水平，增强学习能力，使应急管理工作日臻完善。

随着中国社会民主、开放程度越来越高，社会公众对应急管理的知情意识、监督意识、参与意识大为提高。吸纳社会各界参与应急调查评估、公布调查评估的结果，这是维护广大社会公众知情权的重要表现之一，也有助于社会公众参与应急管理、监督政府的应急管理行为，对树立我国民主政府、责任政府的形象具有重要意义。

我国的调查评估尚处于起步阶段，距离形成科学的机制还有很大的距离。其主要缺陷是：一是从总体上看存在有调查、无评估的倾向，突发事件的预防与处置的经验和教训未能及时得到总结和提升；二是重事中及事后的损失、责任调查评估，轻事前风险调查评估；三是常态下的评估流于形式，非常态下的评估严重缺失；四是多内部、正式评估，少外部、非正式评估，没有实现集思广益；五是调查结果应用仅限于追究责任，忽视组织学习过程。结果，我们在应对突发事件的过程中，惨痛的教训没有成为应急管理效能持续改进的动力，成功的经验也没有被及时总结成为固定化、制度化、经常化的措施。

（三）调查评估的基本原则

为了真正实现提高应急管理效能的目标，调查评估必须体现以下五个基本原则。

1．客观性原则

调查评估是一项严肃的工作，必须具备客观性，即通过调查获得的数据和通过评估得出的结论必须与事实相符合，从而使突发事件的起因、性质、影响等因素在调查评估的过程中得以真实再现，而不能有任何的篡改和歪曲。不符合客观性原则要求的调查评估是没有意义的，也不可能有说服力和公信力。为了确保调查评估的客观性，调查评估不仅需要内部评估，更需要独立、彻底的外部评估。

2．独立性原则

调查评估的主体要具有独立性，其任务只能是如实调查突发公共事件的事实和影响，客观地评估应急管理部门工作的绩效，而不能为其他外部因素所扰动。独立性原则是客观性的重要保证。没有独立性，调查评估就难以实现客观性的要求。为了对重大突发事件做出有效的调查评估，要成立独立的调查评估小组。

3．规范性原则

规范性是指调查评估的程序、指标、标准、内容、结果等应形成相对稳定的模式，而不能随意更改。其意义主要在于三个方面：一是可以减少调查评估的成本；二是可以保证调查评估的质量，避免出现避重就轻的现象；三是可以增强横向和纵向的可比性，共同的规范可以使不同区域、层级的政府对调查评估的结果进行比较。

4．公众参与性原则

在调查评估过程中，要采取多种措施，尽可能地吸纳社会公众作为调查评估的主体。其原因有三：一是突发公共事件本身涉及广大社会公众的切身利益，他们有权利参与调查评估，了解事实真相；二是社会公众的参与可为调查评估提供翔实的资料；三是社会公众的满意度本身就是调查评估的重要内容之一。

5．目标导向性原则

调查评估的终极目的是提高应急管理的效能，而不仅仅是分出优劣、奖勤罚懒。当然，在应急管理调查评估的过程中，责任的调查与追究是一个重要内容，但它只是实现应急管理效能提高的一个手段，而不是最终目的。

（四）调查评估的流程

1．准备阶段

应急管理调查评估是一项复杂的系统工程。在实施评估之前，人们需要进行周密的组织和准备工作。准备工作不仅是调查评估工作的基础和起点，也是调查评估顺利进行的重要保障。充分的准备工作可以保证调查评估工作有计划、有步骤地开展，避免主观随意性和盲目性。

在准备阶段，具体的工作主要有以下几点。

（1）成立调查评估小组

调查评估是一个理论与实际相结合的研究过程。它对调查评估人员的专业素养要求很高。调查评估人员的自身专业素质水平将直接影响调查评估的质量。因此，我们必须选择适当的调查评估人员，构建具有高水准的调查评估队伍。调查评估小组的成立可按照以下程序来开展：

一是选择组长。组长应该是突发公共事件相关领域的专家、研究者或评估专家，可由调查评估组织责任主体从调查评估专家库中选择产生。组长的职责是全面领导、组织整个调查评估的方案设计、方法选择、方案执行、报告撰写等工作。

二是挑选组员。组员是调查评估的执行者，其素质的高低直接影响最终调查评估的质量。组员务必要有良好的专业素质和合作精神。组员可由组长和评估责任主体共同挑选产生。组员可为相关领域专家、研究者或评估专家，也可为有关地方政府、政府职能部门、相关事业单位人员、地方人大代表或社会公益组织人员等。

在选择调查评估小组成员时，我们要坚持独立、公正的原则，从源头上保证调查评估的公信力。另外，调查评估组组长和组员总数应为奇数，在出现分歧时有利于投票表决。

（2）制订调查评估方案

方案是调查评估的依据和内容。作为准备阶段最重要的工作，方案的设计是否科学合理，直接关系到调查评估质量的高低和调查评估活动的成败。调查评估方案应该以书面的形式系统详细地说明以下内容。

① 调查评估的对象

突发公共事件的涉及面很广，应急管理过程也包括很多环节。调查评估很难面面俱到，需根据具体情况确定调查评估对象。

② 调查评估的目的、意义和要求

它们决定着调查评估的基本方向。

③ 调查评估标准

事实分析、价值分析及其有机的结合是调查评估标准的基本内容。调查评估的标准通常体现为调查评估的指标体系，它决定着调查评估的类型和方法。

④ 调查评估的基本设想

确定调查评估的基本设想，就是根据调查评估目标，确定调查评估的内容、范围，制订出调查评估方案。

此外，调查评估方案还要说明调查评估的场所、时间和工作进度，以及调查评估经费的筹措与使用等问题。

简言之，调查评估方案应确定调查评估的五个基本要素，即调查评估的主体、调查评估对象、调查评估目的、调查评估标准和调查评估方法。它们共同构成一个完整的调查评估系统。

2. 实施阶段

实施是整个调查评估活动最为重要的阶段，其主要任务如下所示。

（1）收集信息

利用各种调查手段，全面收集有关突发公共事件的信息。信息是调查评估的基础，调查评估从本质上看，就是收集信息、处理信息的过程。为了保证信息的全面性、系统性和准确性，我们应综合采用各种科学方法来收集信息，如观察法、查阅资料法、调查法、个案法、实验法等。

（2）分析信息

在收集信息的基础上，评估者对应急管理的原始数据和信息资料进行系统的整理、归类、统计和分析。

（3）得出结论

在分析信息的基础上，评估者运用合适的评估方法，得出评估结论。在调查评估的过程中，评估者应该追求评估材料的完整性，客观、公正地反映突发公共事件的前因后果和应急管理工作的实际效果。

3. 总结阶段

总结阶段的主要工作是：处理调查评估的结果，撰写调查评估报告。调查评估必须力求客观，但不能缺少价值判断。而调查评估者的价值判断会受到客观条件和非理性因素的影响，可能出现疏漏。

因此，调查评估信息收集完成，经过分析评估得出结果后，仍需要进行必要的处理：首先是自我检验、分析评估结果的可信度和有效度；其次是就调查评估的结论向相关人群征求意见，如突发公共事件的亲历者、知情者、受害者及应急管理的决策者、执行者、参与者等，发挥他们对调查评估的诊断、监督、反馈、完善作用，提高调查评估的科学性。

在经过处理步骤后，调查评估小组需撰写书面调查评估报告，对调查评估工作进行总结。报告需要涵盖调查评估方案的预设内容，主要是：阐释突发事件发生的经过，作出相关的价值判断，提出改善应急管理的政策建议，总结调查评估工作。最后，书面形式的评估报告需提交有关领导和部门或公开，使其了解调查评估的结果，供今后开展应急管理工作参考。

第五章　突发事件心理应激与心理危机干预

第一节　应激与应激反应

一、应激与心理应激

（一）应激

加拿大病理生理学家塞里（Selye. H）于 1936 年首次提出应激的概念。塞里认为，每一种疾病或有害刺激都有相同的、特征性的和涉及全身的生理生化反应过程。也就是说，在各种不同的严重干扰性刺激下，个体会通过一些非特异性的反应过程来适应，而与刺激种类无关。

现代应激理论认为：应激是指个体面临或觉察（认知、评价）到环境变化（应激源）对机体有威胁或挑战时做出的适应性和应对性反应的过程，可以认为是个体对伤害性刺激做出认知评价后而产生的非特异性防御反应。

（二）心理应激

拉泽鲁斯（Lazarus）1968 年提出了心理应激的概念，认为心理应激是指人对外界环境有害物、威胁、挑战等经认知、评价后所产生的生理、心理和行为反应。

根据过程模型，个体在应激源作用下，通过认知、应对、社会支持和人格特征等中间因素的影响或中介，终以心理生理反应表现出多因素作用"过程"。

从生物—心理—社会医学模式的角度，应激过程模型的认识论更接近"整体观"和"系统论"。这种对应激的认识，符合环境与机体之间的系统关系，符合健康和疾病的生物、心理、社会"整体观"和"系统论"，有利于对各种应激有关因素之间的相互作用机制进行研究并做出解释（例如研究应对的影响因素或者研究社会支持的影响因素）。

心理应激是一种非正常情况下的正常反应，并非疾病或病理过程。假如个体能有效地将应激在意识中进行整合和组织，并把它作为过去不愉快事件的一部分，就有可能解决问题，也能恢复正常心态。对于大部分人来说，应激反应不会对生活带来永久或极端的影响，可以自我恢复。

二、应激源与应激反应

(一) 应激源

应激源是指环境对个体提出的各种需求,经个体认知评价后可引起心理和(或)生理反应的刺激或情绪。应激源有主观的,也有客观的,不但有物理、生理、心理的,还有社会文化的等。应激源分类如下所示。

1. 躯体性应激源

躯体性应激源是指直接作用于躯体的理化与生物学刺激物。如高温、辐射、细菌、各类寄生虫、外伤及各类感染等。最初人们只是把这些刺激物看成是引起生理反应的因素,现在则认为上述刺激物可导致心理反应。

2. 心理性应激源

心理性应激源是指个体因认知水平、价值观念、信仰、伦理道德所致的、强烈的心理冲突和情绪反应。主要表现为各种挫折和心理冲突。

3. 社会性应激源

现代人类所遭遇的应激源主要是社会性应激源,包括重大的应激性生活事件、日常生活困扰、工作有关的应激(职业性应激)及生存环境应激等。

生活中重大的变故称为生活事件。重大生活事件除产生即时影响外,还可构成"余波效应",由原发事件引起后续的日常烦恼。

日常生活困扰是指轻微而频繁的困扰或微应激源。人们在生活中所面临的应激并不一定都涉及重大事件。日常生活困扰的程度因年龄和职业特征不同而有所差异。

职业性应激源分为两类:一是职业内在的应激源,包括劳动条件、劳动范围和工作负荷。二是企、事业中的政策及其执行过程中有关的应激源,包括组织的结构与气氛、职业性人际关系、个体在组织中的角色和责任及个人的职业经历。

环境应激源是指人类生存的自然环境的变故(如地震、洪水、风暴等)以及社会环境的意外与持续变动(如战争、政治变动、环境污染等)。流行病学调查发现,高应激地区(根据社会经济条件、犯罪率、暴力行为、人口密度等指标确定)人群高血压的发病率高于低应激地区,说明社区的综合因素可以成为应激源。

4. 文化性应激源

文化性应激源是指因语言、风俗、习惯、生活方式、信仰等引起应激的刺激或情境。如迁居异国他乡,语言环境改变引起的"文化性迁移"。

(二) 应激反应

当个体觉察应激源的刺激后,就会通过心理和生理中介机制产生心理、行为、生理反应,这种变化称为应激反应。应激反应是指人对某种意外的环境刺激所做出的适应性反应，通常又被称为应激的"心身反应"。一般应激反应会持续 6～8 周。

1.　应激心理反应

应激心理反应可以涉及心理现象的各个方面。急性应激可使个体出现认识偏差、情绪激动、行动刻板。慢性应激甚至可以涉及人格的深层部分，如影响到自信心等。应激心理反应又可以进一步分成情绪性反应、认知性反应，其中情绪异常最为突出。

（1）情绪性应激反应

个体在应激时产生什么样的情绪反应，及其强度如何，受很多因素的影响，差异很大。情绪应激反应表现为焦虑、恐惧、愤怒和抑郁等多种不良情绪。

① 焦虑

焦虑是个体预期将要发生危险或不良后果的事物时，所表现的紧张、恐惧和担心等情绪状态，是常出现的情绪性应激反应，包括状态焦虑（由应激刺激所引起）和特质焦虑（无明确原因的焦虑，这与焦虑性人格特质有关，即使日常微小的事情也可使个体表现出焦虑）。焦虑是心理应激下最常见的一种情绪反应。适度的焦虑可提高人的警觉水平，伴随焦虑产生的交感神经系统的被激活可提高人对环境的适应和应对能力，是一种保护性反应。但过度的焦虑会破坏个体的认知能力，使人难以做出理性的判断和决定。

按照现代有关的情绪概念，焦虑情绪反应其实应该包括焦虑情绪体验、焦虑情绪表现（表情行为）和焦虑情绪生理变化，而后两者在概念上已经属于应激的行为反应和生理反应。

② 恐惧

恐惧是一种企图摆脱有特定危险、会受到伤害或生命受威胁的情景时的情绪状态，伴有交感神经兴奋，肾上腺髓质分泌增加，全身动员，但没有信心和能力战胜危险，往往只有回避或逃跑。过度或持久的恐惧会对人产生严重不利影响。在信息高度发达的时代，手机、电脑网络的出现和普及更加强化了这种现象，如对疫情的恐惧或思维倾向，会在集体环境的传递中被不断放大，造成集体恐慌氛围。

③ 抑郁

抑郁分外源性抑郁和内源性抑郁。外源性抑郁表现为悲哀、寂寞、孤独、丧失感和厌世感等消极情绪状态，伴有失眠、食欲减退等，常由亲人丧亡、失恋、失学、失业，遭受重大挫折和长期病痛等原因引起。内源性抑郁与人内在生理素质有关。抑郁有时能导致自杀，故对有这种情绪反应的人应该深入了解有无消极厌世情绪，并采取适当的防范措施。

④ 愤怒

愤怒是指与挫折和威胁有关的情绪状态。由于目标受到阻碍，自尊心受到打击，为排除阻碍或恢复自尊，常可激起愤怒，此时交感神经兴奋，肾上腺分泌增加，因而心率加快，心排血量增加，血液重新分配，支气管扩张，肝糖原分解，并多伴有攻击性行为。患者的愤怒情绪往往成为医患关系紧张的一种原因。

应激负性情绪反应除了直接通过情绪生理机制影响健康外，还对个体其他心理功能，如认知能力和行为活动产生交互影响。要准确理解各种情况下的应激反应概念，需要理解应激研究对象的多维性和综合体属性，注意这些分类的相对性。

（2）认知性应激反应

凡被知觉为有威胁的事件均可导致应激反应。适度的应激可活化机体的各种功能，有助于个体增强感知能力，活跃思维，提高认识反应能力，但强烈的应激刺激由于唤起过度，可使个体产生负面的认知性应激反应，可表现为意识障碍（意识模糊、意识范围狭小）、感觉过敏或歪曲、注意力受损（注意集中困难、注意范围变窄）、思考与理解困难、语言迟钝或混乱、想象力减退、记忆力下降、自我评价降低等现象。

① 偏执

当事人表现认识上的狭窄、偏激和认死理，平时理智的人，此时可能变得固执、钻牛角尖、蛮不讲理（其实有他自己偏执的"理"），也可表现过分自我关注，即注意自身的感受、想法、信念等内部世界，而不是外部世界。

② 灾难化

当事人表现为过度强调应激事件的潜在和消极的后果，导致整日的不良情绪反应。

③ 反复沉思

即对应激事件不由自主地反复思考，反复回想灾难的场景等，从而影响适应性应对策略（宽恕、否认等）机制的出现，导致适应受阻。这种反复思考往往具有强迫症状特性，与某些人格因素有关。

④ 闪回与闯入性思维

遭遇严重灾难性应激事件以后，当事人在生活里经常不由自主闪回灾难的影子，或者脑海中突然闯入既往的一些灾难性痛苦情景或思维内容，表现为挥之不去的特点。恐惧、焦虑、无助的情绪也被重新经历。这些强迫反应严重地影响着人们的正常生活和工作。这种经历在困扰着个体的同时，也常常会波及他的家庭甚至社会。

2. 应激行为反应

伴随应激的心理反应，个体的行为也可有相应改变。应激状态下个体的行为表现为"战"或"逃"两种类型。"战"表现为接近应激源，分析现实，研究问题，寻找解决问题的途径。"逃"则是远离应激源的防御行为。此外，还有一种既不"战"也不"逃"的行为，称为退缩性反应，表现为顺从、依附和讨好，与保存实力和安全需要有关，具有一定的生物学和社会学意义。

应激行为反应主要表现如下所示。

（1）逃避与回避

逃避是指已经接触到应激源后而远离应激源的行为。回避是指率先知道应激源将要出现，在未接触应激源之前就远离应激源。强迫心理和疑病心理在突发公共卫生事件面前最容易产生此类不良行为表现。如传染病类突发事件下，一些人反复测量体温、洗手、消毒、不敢出门、害怕见人、一天多次打扫卫生等，就是强迫心理的表现；无端地感觉胸闷、头疼，一声正常的咳嗽或喷嚏就成为染上疾病的根据，这都是疑病心理在行为上的表现。

（2）退化与依赖

退化是个体受到挫折或遭遇应激时，表现出幼儿时期的行为。退化行为必然会伴有依赖心理和行为，即事事处处过度依赖他人关心照顾、社交退缩。

（3）敌对与攻击

敌对是对相关人员的不友好、谩骂、憎恨、或羞辱别人。攻击是在应激刺激下个体以攻击方式做出反应，攻击对象可以是人或物，可以针对别人也可以针对自己，如怪罪他人或自责。敌对与攻击其共同的心理基础是愤怒。例如，临床上某些患者表现不肯服药或拒绝接受治疗，表现自损自伤行为，包括自己拔掉引流管、输液管等。

（4）无助与自怜

无助或称失助，是一种无能为力、无所适从、听天由命、被动挨打的行为状态，通常是在经过反复应对不能奏效，对应激情境无法控制时的行为反应，其心理基础包含了一定的抑郁成分。自怜即自己可怜自己，对自己怜悯惋惜，其心理基础包含对自身的焦虑和愤怒等成分。自怜多见于独居、对外界环境缺乏兴趣者，当他们遭遇应激时常独自哀叹、缺乏安全感和自尊心。

（5）物质滥用

某些人在心理冲突或应激情况下会以习惯性的饮酒、吸烟、拒食或暴饮暴食、服用某些药物的异常行为方式来转换自己对应激的行为反应方式。这些不良行为能通过负强化机制成为习惯。

3．应激生理反应

应激生理反应是以神经生理为基础，涉及全身各个系统和器官。应激源作用于人体时，中枢神经系统对应激信息接收、整合，传递至下丘脑，下丘脑通过交感－肾上腺髓质系统，释放大量儿茶酚胺，增加心、脑、骨骼肌的血流供应。同时，下丘脑分泌的神经激素可兴奋垂体－肾上腺皮质系统，广泛影响体内各系统的功能。生理反应表现为肠胃不适、腹泻、食欲下降、血压升高、呼吸困难、头痛、疲乏、头晕、失眠、噩梦、食不甘味、心悸、喉咙及胸部梗死感、肌肉紧张等。严重而持续的应激可引起机体生理功能的紊乱和失衡，以致引发病理性改变。

应激的生理过程分为三个阶段：① 警觉期：通过一系列的神经生理变化，紧急动员体内资源，机体处于战备状态。② 抵抗期：继续发生神经生理变化，充分利用体内资源，对付各种紧急情况。③ 衰竭期：体内激素和重要微量元素耗尽，某些细胞和组织遭到破坏，出现创伤后应激障碍。应激生理反应及影响身心健康的身心中介机制涉及神经、内分泌和免疫系统，这三个中介途径其实也是一个整体。

适度的应激反应有利于调动机体能量，抵抗外来压力，但若恐慌紧张过度，导致过强或持续的应激反应，则会影响神经体液和免疫系统的功能，引起心血管系统、消化系统等各个器官系统的疾病，也可能引起代谢障碍和癌症，甚至导致死亡。

三、应激反应中介机制

应激的中介机制是指机体将传入信息（应激源或环境需求）转变为输出信息（应激反应）的内在加工过程，是应激的中间环节。包括心理中介机制和生理中介机制。

(一) 心理中介机制 (认知评价或觉察)

认知评价是指个体觉察到情景对自身影响的认知过程。认知评价有原发性评价、继发性评价，以及根据原发性评价和继发性评价提供信息，对潜在应激源的再评价。

原发性评价是指个体对刺激情景的判断。判断可能有三种情形：一是与个体不相干；二是对自身有积极意义；三是应激性的。对应激的觉察又可分为三种：损害/丧失、威胁和挑战。这三种察觉对个体有不同的消极影响，但挑战所含有的消极性影响最小，积极性意义最高。继发性评价是指个体对自身在刺激情景下应对的手段的认知，包括许多作用于环境以及处理应激情景引起反应的潜在对策。个体的认知评价在觉察应激刺激的威胁时起了调整作用，即通过认知评价可使威胁刺激贬值。如果认知评价认为个体应对能力强于刺激事件，则应激反应弱，反之则强。

(二) 生理中介机制

1. 应激生理中介涉及的"应激系统"

"应激系统"是指协调一般性应激的中枢结构及外周效应器和有关的神经分支，它以促皮质激素释放激素（CRH）及蓝斑－去甲肾上腺素（LC－NE）自主神经系统及其外周效应器（垂体－肾上腺皮质轴及自主神经支配的组织）为主。应激刺激与反应间的神经与体液变化，主要包括：① PVN－CRH 系统与 LC－NE/交感系统两组分有相互作用，两者间有募集性正反馈环路，一个组分被激活就激活了另一部分；② 中枢神经系统内由于神经调制器对这两个组分有相似的影响，如 5-羟色胺和乙酰胆碱对两者有兴奋作用；

γ-氨基丁酸能和阿片能神经递质及糖皮质激素对其有抑制作用；③ PVN/CRH 及 LC−NE/交感系统两者各自通过 CRH 及肾上腺能的抑制来自我调节；④ 上述两组分还可通过下列脑区影响有关的活动，它们是新皮质边缘系统中的多巴胺系统，杏仁/海马复合体系统，弓状核内前阿黑皮素神经元。在上述脑区中，杏仁核被认为是关键部位。

2. 应激生理中介的主要途径

下丘脑−垂体−肾上腺轴（HPA）是应激反应的重要功能途径，应激导致 HPA 功能增强和中枢儿茶酚胺和兴奋性氨基酸的大量释放，而高水平的儿茶酚胺和兴奋性氨基酸可导致中枢尤其是海马的兴奋性毒性，使海马对下丘脑−垂体−肾上腺轴的反馈抑制作用减弱和应激关闭功能障碍，使机体更多的处在高水平的应激状态中，应激的生理反应得以持续。

应激源的信息被认知评价后，是如何将其转化为生理反应的？过去的研究将其分为神经系统、内分泌系统和免疫系统，近年的研究则更倾向于将其作为一个整体去看待。

四、心理应激反应机理

（一）认知评价机理

应激源作为刺激被人感知，或作为信息被人接收，进而引起主观的评价，同时产生一系列相应的心理以及生理方面的变化。通过信息加工过程，就有输出，即对刺激（情境）做出相应的反应。如果刺激（情境）需要人做出较大的努力才能进行适应性反应，或这种反应超出了人所能承受的适应能力，就会引起人的心理、生理平衡的失调，即紧张反应状态的出现。

（二）心理应激机理

生理心理学的研究表明，当人们遇到某种意外危险或面临某种突发事件时，人的身心均处于高度的紧张状态（即为应激状态）中，并通过心理和生理中介机制产生心理、行为、生理反应。

主要体现在以下三个方面：① 情绪反应异常：如焦虑、恐惧、悲伤、愤怒、忧郁等；② 生理反应异常：如心慌、气喘、恶心、肌肉抽搐、头痛、头晕、身体疼痛、疲倦、失眠等；③ 行为异常：如下意识动作、坐立不安、举止僵硬、暴饮暴食、攻击、强迫等。

（三）应激演化机理

心理应激演化机理是指个体在应激源刺激下，主体心理反应的类别级别、表现形式、范围及区域等各种变化过程。

心理应激机理的演化大致分为应激蔓延、应激转换、应激衍生和应激耦合四种形式。

1. 应激蔓延机理

遭遇或面临应激源刺激，个体会出现不同程度、不同表现形式的心理应激，从而在一定时间内影响到个体的情绪和行为。当个体间具有共同的心理过程和心理状态时，通常会形成群体的共同心理状态和行为趋同，进而使应激心理得以蔓延。

行为趋同效应通过心理渲染途径来表现。心理渲染可以分为舆论渲染、表情渲染和行为渲染。舆论渲染是指通过交谈、媒体宣传、通信、联络等方式，将应激源相关信息在短时间内迅速传播。表情渲染是指人们的恐惧、紧张、忧虑等情绪溢于言表，从而形成一种恐惧表情，其他人看到某些人的恐惧表情，不自觉地在内心产生更重的恐惧感，同时也将这种恐惧感溢于表情。行为渲染是指不明真相者根据他人的行为或行为趋势，不加思考地盲目追从，从而形成一种公众行为模式。

行为趋同效应可能出现两种不同的结果：一种是当群体行为趋同表现为减灾避害等时，由于群体的行为趋势是离开灾害或危机现场，可能将损失降低到最低限度。另一种是由于群体行为的趋同效应，导致短时间内的行为趋同而扩大突发事件的危害性，如火灾发生时的出口高度拥挤、踩踏等行为趋同，反而降低了群体离开危险现场的效率。

2. 应激转化机理

人们心理及情绪上的应激反应通常会与主体的生理和行为上的应激反应相互转化。一方面，由认知失调引起心理应激异常反应，紧张、焦虑、抑郁、恐慌、悲伤、痛苦等消极情绪，通过生理中介机制转化为生理应激，对人的生理造成极大伤害；另一方面，机体生理应激反应引发一些生理上的疾病，如长期的失眠、精神疲倦会导致机体的免疫力下降，反过来会直接影响的心理承受力。

3. 应激耦合机理

"耦合"的概念最初来源于物理学中的控制论，定义为两个或多个因素相互作用、相互影响共同作用。

应激心理反应、生理反应及行为反应，三者之间不仅会在应激发展过程中相互转化，同时也会相互作用，相互影响，进而发生耦合作用。由耦合的强弱程度不同，带来的后果影响也不同。心理上的异常反应会引发生理或行为上的异常反应，生理以及行为上的异常反应反过来又会使心理上的应激恶化。

4. 应激衍生机理

重大突发事件通常会造成社会的群体应激现象，在生理、情绪和行为上产生过度的反应，甚至会衍生出局部或较大范围内的社会紊乱以及经济动荡。

（四）创伤应激恢复机理

应激分为积极应激和消极应激。当主体经历危机后变得更成熟，并获得应对危机的技巧，称之为积极应激。反之，主体经历了危机后，出现种种心理不健康的行为，从此变得消极，则属于消极应激。

第二节　突发事件下的心理应激

突发事件是人类生存过程中不可避免的特殊的社会性应激源,是造成个体心理应激的根本原因之一。灾难性突发事件将受灾者和救灾者普遍置于一种大规模的、集体的应激处境下,造成社会群体和个人产生非常严重的心理行为应激反应,人的身心处于高度的紧张状态(应激状态),短时间内会对人们的心理、生理产生极大影响,影响人们的正常生活、工作。

灾害性事件对人们的心理影响具有普遍性,但程度却因人而异。有的人通过自身的调整,很快恢复到健康的状态;而有的人却陷入了较持久的身心紧张状态中,出现创伤后心理应激障碍,需要得到心理上的救助。

一、突发事件下的心理应激反应特征

突发事件暴发后,主体对客体事件最初产生认知评价过程,这个过程由于对突发事件的信息了解、个体所处的环境,以及个体心理状态不同,而产生的应激反应也不同,但集中表现为一些比较普遍的心理应激反应。

(一)灾害决难事件发生阶段

1.恐惧

恐惧是指当生命受到威胁或预感到威胁时而引起的担惊受怕的心理。面对突发的灾难事件时,人们会产生一种本能的适应性心理反应。当人们被恐怖笼罩时,可能会丧失或部分丧失理智和判断力,恐惧中固着于一种逃生途径而不考虑其他可能,做出一些自我毁灭行为。

从社会心理学的角度来看,人的行为和心理具有从众特征。恐惧会通过表情、语言、动作无意识地迅速传递给四周的人们,进而迅速影响到周围人群的行为心理。当群体中有人出现恐惧反应,如四处奔逃、尖声呼喊时,这种反应会迅速扩散,造成更大规模的恐慌。恐惧本身是一种正常的心理活动,并不可怕,但决不能忽视其破坏性。

2.否认

否认是人们面临挫折、灾难、死亡等应激事件时最常用的,也是最原始、简单的一种心理防卫机制。不接受现实,将已经存在或发生的事实从心理上加以否定,幻想事实不是真的,以减轻心理上的痛苦和焦虑感。

3.回避

躲避与现实有关的场景或物品,避免谈论与灾难有关的任何话题。这种心理行为方式实际上妨碍了人对问题的适应性，导致了消极主义的心理和不作为。

4. 过度活跃

与否认和不作为相反，有些人在灾难中会表现得过度活跃，高度活跃的行为和滔滔不绝的言语是其突出特征。他们有很多建议和想法，却不容异己。这些人虽然只占很少的一部分，但危害性很大，因为他们常常会被误认为是一群人的领导而被其他人所仿效，而其专横又使得许多更有建设性的提议遭到否决。

5. 攻击

攻击他人（自认为的责任者），或自残自虐，或找替罪羊。攻击行为可能由于不能直接施加在报复对象身上而转向其他替代物，即采取所谓找"替罪羊"的形式来发泄心中的仇恨。

6. 退行

使用较原始而幼稚的方式应对挫折情境。

7. 压抑

有意或无意地忘记有关事件，将痛苦与焦虑压抑到潜意识中。

8. 反向

内心紧张却故意表现出满不在乎的样子。

9. 抵消

以某种象征性活动来抵制和减轻痛苦。

10. 自责

为失去亲人而内疚自责，重复"如果……就不会"的句式。

这些消极自我防御机制，只能暂时缓解痛苦，不能从根本上解决问题。长期应对不当甚至会导致恐惧症、焦虑症、强迫症、抑郁症、疑病症及头痛、失眠、消化不良等躯体化症状。

（二）灾害次难事件后阶段

重大灾害事件后，一般性心理应激障碍较为普遍，但随着时间的推移，大部分人的心身反应会逐渐消失，但仍有相当一部分人心理应激反应将持续或程度加重，具体包括恐惧症、强迫症、疑病症、急性应激障碍、适应障碍、创伤后应激障碍等。

二、心理应激反应的发展过程

根据突发事件发生、发展的动态演进，突发事件（尤其灾难性）所致的心理应激发展过程可分为四期。

（一）冲击期或休克期

冲击期或休克期发生在危机事件发生后的数小时之内，个体主要表现为震惊、恐慌、焦虑、不知所措，不能理性思考，少数人甚至出现意识模糊。

（二）防御期或防御退缩期

由于灾难事件和情景超过了自己的应付能力，表现为想恢复心理上的平衡，控制焦虑和情绪紊乱，恢复受到损害的认识功能，但不知如何做，会使用否认、退缩和回避手段进行合理化或不适当投射，对解决问题的应对效果造成负面影响。

（三）解决期或适应期

此时能够正视现实，接受现实，寻求各种资源用积极的办法努力设法解决问题，焦虑减轻，自信增加，社会功能恢复。

（四）危机后期或成长期

多数人经历了灾难危机后，在心理和行为上变得更为成熟，获得一定的积极应付技巧，但也有少数人出现人格改变，表现出焦虑、敌意、抑郁、酒精或药物依赖、精神病和慢性躯体不适，甚至自伤、自杀等。

三、心理应激反应的阶段性表现

根据时间先后，将心理应激反应分为急性心因性反应、延迟心因性反应、持久心因性反应三个阶段。

（一）急性心因性反应

急性心因性应激反应是在灾难事件发生之后最早出现的，其典型表现包括三个方面：① 意识障碍：意识改变出现得最早，主要表现为茫然，出现定向障碍，不知自己身在何处，对时间和周围事物不能清晰感知。这种神志不清有时候会持续几个小时，也有的能持续几天；② 行为改变：主要表现为行为明显减少或增多，并带有盲目性。行为减少表现在不主动与家人说话，家人跟其说话也不予理睬。日常生活不知料理，不知道洗脸梳头，不知道吃饭睡觉，需要家人提醒或再三督促。拒食或暴饮暴食、大量饮酒服药等，整个人的生活陷入混乱状态。行为增多者表现为动作杂乱、无目的，甚至冲动毁物，话多，或自言自语，言语内容零乱，没有逻辑性；③ 情绪改变：情绪改变可在遭受刺激后数分钟或数小时内出现，且情绪、情感变化迅速。主要表现为极度的悲痛、愤怒、恐慌、焦虑、抑郁、悲伤、绝望、内疚等，对于突如其来的灾难感到无所适从、无法应对。这些情绪常常表现得非常强烈，个体有时候会出现一些过激行为，比如在极度悲伤、绝望、内疚的情绪支配下，有些人会采取自杀的行为以解除难以接受的痛苦；④ 生理改变：可能还会伴有躯体不适，表现为心慌、气短、胸闷、消化道不适、头晕、头痛、失眠、噩梦、肌肉抽搐等生理反应。

（二）延迟心因性反应

从遭受创伤到出现精神症状有一个潜伏期，一般为几周至几个月。主要表现有：

① 难以控制地反复重现创伤性体验，即反复发生"触景生情"式的精神痛苦。② 反复重现创伤性内容的噩梦，控制不住回想受打击的经历，反复发生错觉和幻觉。③ 持续的警觉性增高，难以入睡或易惊醒，激惹性增高，过分的惊跳反应。遇到与创伤事件有关的场合和事件时，会产生生理反应，如心跳、出汗、脸色苍白等。④ 与人疏远、不亲近。与亲人情感变淡，兴趣爱好范围变窄。⑤ 常回忆不起灾难发生后一段时间内所经历的事件，或创伤经历的某一重要场景，又称为逆行性或阶段性遗忘。⑥ 回避或不愿意提及创伤性事件，不愿意提及更不愿意看到事件发生的场所，甚至不愿意去跟事发场所类似的地方。⑦ 对未来失去信心。常伴发焦虑和抑郁，少数人会产生消极念头，有自杀企图。病情呈波动性，少数可长达多年或有人格改变。

（三）持久心因性反应

持久心因性反应以与创伤有关的妄想和妄想观念为主。海啸幸存者眼看着大批亲友受难死去，认为自己活着是一种"罪过"，就是一种创伤所致的罪恶妄想观念。

四、突发事件下的心理应激影响因素

根据应激过程模型，将应激看成是多因素的作用"过程"。突发事件暴发后，主体对于客体事件做出认知评价后产生心理、生理反应过程，这一过程包括应激源、认知评价和应激反应三个环节。

影响应激反应强度的因素主要包括突发事件应激源、认知评价、应对方式、社会支持、人格特征、应激反应等。

（一）突发事件应激源

应激由应激源所引起。突发事件应激源的风险特征属性对心理应激反应具有基础性作用。

突发事件应激源的风险特征属性主要包括：① 致命性：致命的事件最能引发人们对风险的感知与恐慌行为；② 空间广泛性：突发事件发展趋势和源起的认知难以确定，事件应激源在空间分布上存在多个不确定情境，影响到人们对风险感知的程度和心理应激反应进程；③ 时间延迟性：事件应激源的时间延迟性与风险感知的空间广泛性相联系。空间范围大、影响作用途径多的事件，如果兼有影响时间长，造成的伤害难以在短期内消除乃至会伤害到后代子孙的话，那么它就更容易造成大众的普遍紧张与恐惧；④ 复杂程度：孤立的事件往往被认为是可以控制的，人们对此类的风险感知也较为缓和，复杂的系统风险被认为是难以控制的。

突发事件作为"应激源"影响认知评价的同时，本身也受应激反应等因素的"反作用"。

（二）认知评价

对突发事件及其风险特征的感受、认识和理解，对心理应激反应起到关键性、决定性影响。

影响风险认知的突发事件的客观风险属性，主要包括：① 熟悉程度：公众对突发事件的具体情况和发展趋势的了解程度，以及对各种预防措施或避险技能的掌握情况等都对公众的心理反应有重要影响。对熟悉的、可接触的应激源可能产生"司空见惯"的反应，对不熟悉的、无法接触了解的应激源可能过高估计事件风险，导致心理不安和过度紧张；② 暴露程度：感觉到自己正处在潜在的或者已经发生的风险之中，感觉自己和家人的生命健康被暴露在危险环境或受到毒物侵害之时，多数人的反应是恐惧的，而且这种恐惧感会加剧人们对风险的感知，加剧心理应激反应；③ 可辨性：应激源本身明显、醒目的或者它导致的危害是直接的，人们凭借日常知识和感觉器官就能捕捉到风险信号的蛛丝马迹，那么紧张感会大大降低；④ 可控制性：突发事件的可控程度对公众心理反应也有一定影响。及时地将突发事件控制在一定的影响范围之内，可以缓解公众心理紧张的程度，反之则可能引起社会的恐慌。社会对风险的预警和控制的专门化程度越高，就越能够在一定程度上减少人们对风险的恐惧感，反之，社会的复杂性不断增强，易引发风险感知的扩散。

认知评价分为积极评价和消极评价两种。积极评价反应有助于对传入的信息进行正确的评价和个体应对能力的发挥。认知评价是动态的，它会随着不同的社会情境，以及对事件应激源新的认识和体验而发生变化。

认知评价同样受到应对方式、人格特征、社会支持等方面的影响。如：① 发泄等应对机制也可以直接或间接影响认知评价。日常可以见到，一位当事人由于不断的诉说（倾诉、发泄）而终出现对原始事件的认知逆转；② 当事人的应对能力影响认知评价。恰当评估自己的应对能力，并能合理运用心理防御机制，能较好地适应和应对应激源，过高或过低估计自己的应对能力，或对应激事件缺乏足够的心理准备，而导致不能很好地应对应激事件者，则应激强度高；③ 认知评价与个体的抱负水平有关，如个体对某事件的抱负水平（期望值）高于实际达到的标准，那么，不管实际水平有多高，个体的反应还是遭受挫折，导致应激。

（三）应对方式

应对方式分积极方式和消极方式两种。积极的应对方式是指当事人对应激采取积极的评价，使个体可以适度地提高皮层的唤醒水平，调动积极的情绪反应，个体注意力集中，思维活跃，能进行正确的判断、选择、调整，积极应对策略。消极的应对方式是指当事人对应激采取消极的评价，导致过度唤起、认知能力降低、自我概念模糊等，使个体产生焦虑、激动或抑郁的情绪反应，进而妨碍个体进行正确的判断和对积极应对的选择。

应对方式也受其他各种应激有关因素的影响：① 认知评价影响应对方式。例如，认知评价直接决定个体采用针对问题应对或针对情绪应对，还有个体的认知策略，如再评价本身就是一种应对；② 社会支持一定程度上可以改变个体的应对方式；③ 应对方式本身就涉及许多认知调节的问题，如否认、再评价等。

（四）社会支持

社会支持是指在应激状态下，个体受到的来自社会各方面的心理上和物质上的支持或援助，是影响心理健康的重要因素。

社会支持一定程度上可以改变个体的认知过程。面对强烈的突发事件，人们往往觉得个体力量是渺小的，觉得自己没有足够的力量来应对风险，这时人们更愿意相信他人、组织和社会，去寻求一种归属感，此时如果能够获得家庭、亲友、同事及社会各方面的关心、支持和理解，就可以有效降低或缓解应激的强度，减小心理压力，平稳渡过应激，摆脱困境。而缺少或不能很好地利用社会支持系统的个体，面对同样强度的应激刺激，心理和生理上的反应则相对较为显著。

社会支持分为客观社会支持和主观社会支持两个因素。客观支持是指在实际工作生活中是否有人或组织以某种途径提供支持。主观支持主要指事件相关人主观感受到支持，如感受到同事、朋友对自己的关心，分享工作中的困难等。

社会支持策略：① 机制建设：政府是社会公共危机发生的责任人，也是解决公共危机的承担主体。在灾难性事件过程中，政府和各社会团体联合起来，建立有效的灾后应对机制，最大限度地发挥社会各界的力量，尽快重塑人们因突发事件导致失衡的日常行为规范；② 物质支持：很多心理问题直接来源于灾害造成的生活问题和实际困难。生活问题和实际困难无法解决，会加剧心理问题的严重程度。所需物质上的支持，一定程度上也可以有效地缓解人们的心理压力；③ 心理宣传：心理宣传是一种有意识的心理控制过程。根据人们心理需求的强弱，开展定向的心理宣传攻势。要利用人们对专家、权威的崇拜、信赖、顺从等心理，充分发挥专家、权威的"名人"效应和劝导、定势作用，帮助人们消除心理上的智障，调节和恢复心理上的平衡。公众理性的重要来源之一就是合理采集和吸收相关的专业知识。对公众心理进行有效疏导干预，对于危机的及早控制与解决都具有重要意义；④ 信息透明：让公众不断获得详尽、公开、及时的信息是避免恐慌的最好方法。政府应最大限度地利用媒体的力量。迅速、准确、客观地报道信息，使公众克服恐慌等心理压力。政府信息发布的及时与否，将极大影响公众对政府的信任程度、对危机的了解程度。

社会支持同样受其他因素的影响：① 认知因素可影响个体社会支持的获得，尤其影响主观支持的质量；② 某些应对方式本身就涉及社会支持的问题，如求助、倾诉等。成功的应对导致成功的社会支持；③ 应激反应同样影响社会支持。

（五）人格特征

人格是指一个人与社会环境相互作用表现出的一种独特的行为模式、思维模式和情绪反应的特征，也是一个人区别于他人的特征之一。

人格由性格与气质两部分组成。性格是人稳定的心理特征，表现在人对现实的态度和相应的行为方式上。性格可分为人类天生的共同人性与个体在后天环境与学习影响下所形成的独特个性。气质是指人的心理活动和行为模式方面的特点，赋予了人格光泽。性格从本质上表现了人的特征，而气质就好像是给人格打上了一种色彩、一个标记。

人格特征影响个体对环境的适应能力，也决定个体对应激源的反应方式和强度。从逻辑的角度，人格是幼年至成年逐渐形成并最终"定型"的一种心理属性，一个人的人格特征很像一棵定型了的大树，它是由幼苗经过特定空间、条件的长期作用，最终成长并定型的。

1. 人格特征间接影响个体对某些事件的认知

态度、价值观和行为准则，以及能力和性格等人格心理特征因素，都可以不同程度影响个体在应激过程中的初级评价和次级评价，决定个体对各种内外刺激的认知倾向，从而造成同样的灾难性突发事件，在不同人格的人身上可以出现不同的心身反应结果。

有些人遭遇应激事件会产生强烈的反应，甚至导致疾病，而另一些人在同样的应激环境中则适应良好，说明个体对应激源的反应方式和强度存在很大的个体差异。例如：完美主义倾向人格特征的人往往存在非理性的认知偏差，使个体对各种内外刺激发生评价上的"歪曲"，在"再评价"应对过程中，会表现更多的不良推理和消极判断；钻牛角尖性格的人可以放大个体对生活事件的感知；心理素质低的人，容易在灾难事件中产生恐惧、焦虑、紧张的心理，进而引起心理失衡，造成不良后果。

2. 人格特征和行为类型间接影响个体对特定事件的应对方式

不同人格类型的个体在面临应激时，应对活动的倾向性即应对风格不同，可以表现出不同的应对策略。例如：内向型性格的人在应激状态下多表现为冷静、沉默或压抑；外向型性格者则多表现为愤怒、痛苦或高兴；事业心太强或性格太脆弱的人就容易判断自己的失败；具有冲动性人格特质的人在紧急事件面前可能容易失去有效的应对能力。

3. 人格特征也直接或间接影响个体的社会支持

人格可以影响一个人的客观社会支持程度，也可影响其主观社会支持程度。现实生活中，具有完美主义价值观的人，其"负性自动性思维"也会影响其对社会支持的正确感悟。如总是觉得社会对自己冷漠和不公，从而降低了领悟社会支持水平。

人与人之间的支持是相互作用的过程，一个人在支持别人的同时，也为获得别人对自己的支持打下了基础，一位个性孤僻、不好交往、万事不求人的人是很难得到和充分利用社会支持的。

4．人格体系中包含认知、行为控制等成分，对个体的应激反应产生影响

同样，其他各种应激因素也可以对人格特征产生影响。严重的灾难性事件、负性自动思维、消极应对方式、社会支持缺乏和严重应激反应等情况的长期存在，终会影响人格的健全。

（六）应激反应

应激反应与个体的文化教育、价值观念、行为准则密切相关。对同一类应激源，可因个体对事物的认知、评价、体验和观念的不同而存在很大的差异，并表现出不同的情绪反应和生理反应。

应激反应也并不总是像"过程论"所叙述的单向"接受"应激源或中介变量对它的汇聚。实际上，应激反应同样影响认知评价。

认知评价、应对方式、社会支持、人格特点和应激反应反过来也会影响许多突发事件的发生、发展、性质和程度。

五、心理应激（危机）教育和社会支持系统

心理应激（危机）控制与管理，不仅需要政府的投入与支持，更需要全社会的广泛参与。心理应激（危机）控制与管理贯穿于突发事件的全过程。

（一）心理应激（危机）教育和社会支持系统

建构突发公共事件的心理应激健康教育服务体系和社会支持系统是卫生应急管理的重要组成部分，是一项系统工程。

1．组织管理体制

突发事件应对有赖于一个高效强大的组织管理体制，尤其需要明确和加强政府的主导地位，来有效整合各种社会资源，承担组织、协调、推进和监督各项工作的开展。建立或明确心理应激控制与管理的各级领导机构、教育专业服务机构、专家咨询组织，最大限度地发挥卫生专业部门、研究院所等专业工作人员的作用。目前我国心理应激（危机）管理体制仍不健全或部分缺失。

2．心理应激评估和危机预警系统

建立突发事件心理应激评估和危机预警机制。救援前，要确定接受服务的人群或者覆盖区域，了解当地心理危机干预服务背景、当前服务资源，确定心理冲击的严重程度和类别，确定服务的优先级，设定心理救助的目标、制订计划。

突发公共事件引发的心理危机兼具滞后性和特殊的时效性，其需要的心理危机干预可能是长期的，因而评估要贯穿心理危机干预的始终。

评估还可以有效地避免心理危机干预自身的风险，诸如特定心理危机干预的持续性、可接受性，以及技术在行政与法律上的可行性等。

3. 应急队伍系统

建立反应迅速的心理应激控制与管理的专业应急队伍。应急队伍应该包括不同水平的心理学专业人员，具体可以包括心理知识普及、心理咨询、心理治疗，甚至精神病专业人员，以适应灾后不同阶段的心理援助工作。

一旦发生了灾难性突发公共事件，可以根据事件性质，由富有经验的社会危机服务专家快速组建反应小队，以恢复和稳定身处危机事件中的人们的心理平衡。

4. 响应和处置系统

突发事件心理应激控制和管理采用分级分类负责、当地或就近的原则开展工作。

全国性的心理机构负责制定心理健康服务的决策、应急指挥及全国专业人员的调度。特别重大或重大突发公共事件发生后，专业学会、研究机构、服务提供机构等，应立即成立处置协作指挥工作组，突发公共事件所在地心理健康服务力量迅速开展心理应激控制工作。

根据协同组织资源联动的原则，心理治疗师、咨询员等专业队伍应该和救援人员一起第一时间到达现场，实施心理救助。学校、医院、流动人口居住区等人口稠密的地方，要进行定期心理知识讲座。还可利用社会力量，开通心理咨询热线，加强社会心理沟通。

一旦有应激事件发生，要充分运用社区资源或组织有关心理学专家，建立心理咨询室，开展有针对性的心理咨询。

5. 新闻报道系统

在危机事件中，因缺乏可靠信息造成的不确定感比实际灾难带来的恐惧更甚。信息源的可靠性决定了人们在紧急情况下是否能采取有效的缓解措施。

在突发公共事件危机情况下，有关部门应和新闻界合作，制定公共信息政策和新闻报道指导原则，使大众获取准确、一致的信息。为维持可信度和信任感，新闻界应坦诚，重点报道减少危险、加强安全措施的信息，对未知事物应表达清楚，在紧急反应中，对不确定因素的报告应及时解释、纠正。政府的权威信息传播的越早、越多、越准确，就越有利于维护社会稳定和缓解个体的不良情绪。

6. 服务保障系统

保障主要包括知识技术保障、社会动员保障和财力保障。专业知识和技术是有效处理心理危机、避免二次伤害的基本保障。财力保障包括国家公共财政的支持、捐赠和援助，有效心理救助离不开财力保障。在特别重大和重大突发公共事件发生后，应该与物质支援结合充分进行社会动员，使足够的社会力量投入心理服务，保障心理危机干预的人力。

(二) 突发事件发生前期心理应激控制与管理

现实生活中应激事件是普遍存在和难以避免的。有的灾难会在毫无预兆的情况下发生，有的在发生前会有信号发出，这些信号可能很明显，也可能很微弱，不易察知。这一阶段又可以分成两个时期：一是威胁期，人们普遍感到灾难可能发生，存在威胁；二是警告期，此时灾难发生的征兆已经极为明显，灾难可能随时暴发。

1. 预防性危机干预

预防性危机干预（即心理健康促进）是指通过一系列的心理健康教育及各种辅助措施，对社会公众进行心理健康促进，促进社会公众的心理健康水平，完善公众的个性品质，提高心理素质。

在灾难发生前，政府及有关部门可以通过宣传教育、派发灾难应对手册等措施让人们了解各种灾难的危害，提高公众预防心理危机的意识。这一阶段危机教育的主要任务是帮助社会公众树立心理健康意识，造就积极的心理品质，增强心理调适能力和心理承受能力，预防和缓解心理问题。灾难前通过日常的心理健康教育和挫折教育，可以增强人们应对突发灾难的心理准备。

2. 公众的心理应激预防训练

不同的个体由于知识背景、训练水平、心理素质不同会有不同的反应。一个公民拥有的关于突发事件的知识越多，或接受过关于相应突发事件方面的训练，才会有认知的理性，才会有稳定的情绪，才能理智有效地应对危机。

教育训练公众首先要学会识别自己生活中的应激事件和评价自己的应激体验，其次要掌握认知行为管理技术、时间管理技术、行为松弛技术等，最后还要养成良好的饮食习惯、良好的锻炼习惯、社会交往的自信心，学会利用社会支持等调节技术。

公众心理应激训练包括三个阶段：① 教育阶段：让公众个体理解应激反应的本质，阐述认知的基本原理；② 演练阶段：个体应用放松训练法以减轻焦虑，发展有关情境多次重复的适应性自我对话或应付性自我对话；③ 应用训练阶段：组织学习心理应激控制和心理调适的各项技能，利用各种缓解压力的技巧帮助心理应激者适时减轻心理压力，如想象性放松、深呼吸等方法，以释放压抑的情绪，还可适时安排减压、分享报告、危机干预等心理干预方法。通过心灵互动、团队游戏、情景鼓励、行为诱导、正面主动暗示、场景模拟、注意力转移、英雄行为榜样扩增与从众效应等心理学的专门救援技巧和方法，有效地缓解急性期心理应激的紧张度，降低心理危机的反应水平，同时强调说明，如果出现恐惧、害怕、紧张、退缩等消极心理和不良行为，属于正常心理反应，而非心理障碍。应激心理技能训练需要注意对个体应激系统的综合管理与控制。

个体在暴露于应激情境时，一旦成功地学会处理程度轻微的应激性事件，对应激情境的认知和应付能力就会得到发展或提高，渐渐地就能承受强度越来越强的应激性情境。

（三）突发事件发生期心理应激控制与管理

在突发性的重大灾难面前，人们很容易出现恐惧、焦虑、挫折、攻击、负罪感、从众和过度防范等负面身心反应。通过介入性心理危机干预可起到缓解痛苦、调节情绪、塑造社会认知、调整社会关系、整合人际系统、鼓舞士气、引导正确态度、矫正社会行为等作用。

在突发事件发生期，可选择采用如下心理应激控制与管理策略：

一是政府及相关部门及时进行准确的信息传递，使当事人对灾难事件的程度和可能的危害情况作出正确估计，使其能注意力集中、缜密思考，开展积极应激。

二是利用媒体的力量，调动社会支持系统，采用多种方式，宣传应对心理危机的科学认识和积极有效的应对技巧。具体包括：① 向遇难者亲属解释其情感反应是对灾难的正常反应，强化悲伤、焦虑、恐惧等的合理性；② 介绍一些自己能掌握的应对技术，如呼吸和放松的方法等；③ 鼓励多与家人、亲友、同事接触和联系，减少孤独和隔离；④ 社会各界的热心援助；⑤政府全面推动灾后重建措施等。

三是心理应激（危机）干预支持。包括：① 制定心理应激（危机）干预计划：从多种应激因素入手，如控制和回避事件、调整认知、改变应对策略、提供社会支持、降低应激反应，以及通过心理治疗来影响人格因素，甚至可以改变环境和利用各种自然条件，来及时开展危机干预；② 心理治疗：在灾难性事故与事件发生后，应立即组建心理危机干预队伍（主要由心理咨询师、精神卫生机构的精神科医生构成），对急性期心理危机和创伤后心理应激障碍进行专业性的心理治疗干预。鼓励当事人进行自我情绪调整，提醒他们不要独处自闭，多与同事或心理辅导团体的成员谈谈自己的感受和对事件的叙述，允许情感自由的表达和适度的悲伤，引导其不要掩饰内心的担忧和恐惧，选择主动沟通倾诉。要鼓励他们正视现状，相信自己的能力，帮助他们挖掘其内外资源，使其产生被理解感、被支持感和归属感，缓解受害者心理压力，帮助他们较顺利地渡过难关，战胜危机；③ 社会救助：面对突发社会灾难事件，社会公众普遍处于集体恐慌心理的阴影之中。对事件当事人进行针对性心理健康教育、心理行为训练，普及心理卫生常识，可以减少民众盲目从众心理，有效地缓解公众的负性情绪和非理性行为。

心理服务人员及时介入，采用多种手段，有计划地开展心理应激培训和心理疏导工作。通过集体授课、小组辅导、个别咨询等进行系统的心理干预，帮助当事人疏导并消解焦虑、激动或抑郁等负性心理应激反应。

（四）突发事件后期心理应激控制与管理

灾难对人们心理的影响是普遍的，但程度却因人而异，有的人通过自身的调整，很快恢复到健康的状态，而有的人却可能从此生活在过去的阴影下，需要得到心理上的救助。

突发事件后期是恢复、拯救和创伤后阶段，也是对急性应激障碍、创伤后应激障碍、适应障碍和与文化相关障碍等应激相关障碍进行恢复性干预的合适阶段。通过团体辅导和个人针对性心理治疗等形式，帮助危机当事者缓解情绪症状，重建心理平衡。

第三节　突发事件下的心理危机干预

灾难事件或者创伤性事件可以引起人们强烈的心理应激反应，导致个体出现一系列与应激有关的心理失衡障碍，即心理危机。这种心理伤害随着时间的推移，大多数人会自然痊愈，但也有少数人表面上看似度过危机事件了，但还会留下心理创伤，甚至若干年后，突然回想起那些场面，还会出现恐惧不安、心悸不停等现象，或被相似的情景重新唤起创伤的记忆，造成创伤的累积，严重者往往病程迁延几十年，直至终生不愈。

一、心理危机

心理危机是一种强烈的心理应激状态，主要是由心理、社会（环境）因素引起的一组异常心理反应而导致的反应性精神障碍或心因性精神障碍。

个体遭遇到的某一事件或情境超过了自己的应付能力时，个体的身心平衡状态会被打破，内心紧张不断积蓄，进入一种失衡状态，这种心理失衡状态称为心理危机状态。

（一）心理危机表现和确定标准

1. 心理危机表现

（1）情绪障碍

主要包括恐慌、焦虑、病态的恐惧、脆弱、罪恶感、孤独、退隐、意志消沉、愤怒和挫折感等。灾难后出现的精神障碍，除创伤后应激障碍以外，最常见的是焦虑障碍和抑郁障碍。

（2）急性应激障碍

急性应激障碍主要表现在生理上、情绪上、认知上和行为上。患者在遭受急剧、严重的精神打击后，在数分钟或数小时内发病，病程为数小时或数天。具体表现为：极度的悲痛、愤怒、恐惧、抑郁、焦虑不安等情绪反应；头痛、头晕、失眠、噩梦、心慌、气喘、肌肉抽搐等生理反应；感知觉异常（过度敏感等）、记忆力下降或闪回、精神不易集中或高度紧张、失去现实感、对工作和生活失去兴趣等认知障碍；行为上则表现退化、攻击、回避拒食或暴饮暴食、大量饮酒服药等，严重的甚至会出现自伤、自杀。

急性应激障碍持续时间小于 4 周，若不及时进行心理危机干预或干预不当，其中一部分人症状超过一个月会发展成为创伤后应激障碍，个体将会遭受更大的精神痛苦。

（3）适应障碍

适应障碍是指在重大的生活改变或应激事件的适应期，出现的主观痛苦和情绪紊乱状态，常会影响社会生活和行为表现。通常在遭遇生活事件后 1 个月内起病，病程一般不超过 6 个月。临床表现为：抑郁心境、焦虑、烦恼，或这些情绪的混合，无力应付的感觉，无从计划或难以维持现状，一定程度的处理日常事务能力受损，可伴随品行障碍。

（4）创伤后应激障碍

创伤后应激障碍是指由于受到异乎寻常的威胁性、灾难性的心理创伤，导致延迟出现和长期持续的心理障碍。患有创伤后应激障碍心理疾病的人有以下一些特征：① 通过梦魇、入侵式的回忆或事件，重历灾难中发生的感觉并反复重历。成人大多主诉与创伤有关的噩梦、梦魇，儿童因为大脑语言表达、词汇等功能发育尚不成熟等因素的限制常常无法叙述清楚噩梦的内容，时常从噩梦中惊醒、在梦中尖叫，也可主诉头痛、胃肠不适等躯体症状；② 对外部世界反应麻木，表现为与他人疏远，对重大活动丧失兴趣，克制自己的情绪等；③ 出现一些创伤前不存在的症状，如睡眠障碍、记忆力下降、注意力不集中、高度警惕或夸张的惊吓反应等；④ 严重者会产生社交障碍。脱离他人或觉得他人很陌生，甚至对自己的社交与情感范围有所限制，如不能表示和接受友谊，不能表达爱恋之情等。

创伤后应激障碍可以共病焦虑、抑郁、物质依赖等多种精神疾患，也可以共病高血压、支气管哮喘等躯体疾病。

2. 心理危机评定标准

目前仍然缺乏一个广为大家接受的、统一的、科学的心理危机评定标准。

确定心理危机的标准：① 存在具有重大心理影响的事件；② 引起急性情绪扰乱或认知、躯体和行为等方面的改变，但又均不符合任何精神病的诊断；③ 当事人或病人用平常解决问题的手段暂时不能应对或应对无效。

（二）危机的人格特征与危机反应

1. 不良人格特征

容易陷入危机状态的个体，其人格特征包括：① 注意力明显缺乏，容易出现应付和处理问题不当；② 过分内省的人格倾向，遇到危机情境总是联想到不良后果；③ 情绪、情感的不稳定性，独立处理问题极差；④ 解决问题时尝试性差，行为冲动，常出现无效的反应行为。

2. 心理危机反应

心理危机反应分四个阶段：① 应激事件使当事者情绪焦虑水平上升，表现为警觉性提高，开始感到紧张，内心失衡。个体试图用其惯常的应对机制来拮抗焦虑所致的应激和不适，以恢复原有的心理平衡。此阶段的个体一般不会向他人求助。② 常用的应对机制不能解决目前所存在的问题，创伤性应激反应持续存在，生理和心理等紧张表现加重并恶化，当事者的社会适应功能明显受损或减退。③ 当事者情绪、行为和精神症状进一步加重，促使其应用尽可能地应对或解决问题的方式力图减轻心理危机和情绪困扰，其中也包括社会和危机干预等。此阶段，当事人求助动机最强，常常不顾一切发出求助信号，甚至尝试自己曾认为荒唐的方式。此时，当事人最容易受他人的暗示和影响。④ 当事者由于缺乏一定的社会支持，应用了不恰当的心理防御机制等，使得问题长期存在。当事者对自己失去信心和希望，甚至把问题泛化，对自己整个生命意义发生怀疑和动摇，可出现明显的人格障碍、行为退缩、自杀或精神疾病。甚至强大的心理压力，有可能触发以前未能完全解决的、被各种方式掩盖的内心深层冲突，使当事者由此走向精神崩溃和人格解体。

(三) 公共心理危机

公共心理危机是指心理危机反映在群体的心理状态。公共心理危机来源有两种：一是源自突发公共事件，二是源于社会价值观念冲击。

公共心理危机的影响因素：① 危机的严重程度；② 人们对危机的了解程度；③ 社会信息的透明程度；④ 民众的心理素质。

二、心理应激评估与危机预警

(一) 心理应激评估

"应激评估"除了需要综合评估突发事件应激源、认知评价、应对方式、社会支持、人格特征、应激反应等各种因素，而且还要系统地分析各因素之间综合作用规律。

基于生理—心理—社会的模型，对应激的评估应是采用生理指标和心理社会指标，对个体的生理状态（生物指标检测）、心理状态（心理测量）和社会行为状况（量表测量）做出的综合评估。一方面，干预者必须在短时间内通过评估迅速准确地了解个体的危机情境及其反应，主要包括个体经历的突发事件，个体的生理、心理、社会状态，个体采取的应对方式等；另一方面，评估必须贯穿于危机干预过程的始终。随着时间的推移，干预者必须通过综合评估确定危机的严重程度，并不断评估个体的变化，从而了解危机支持系统的有效性，不断调整和确定有效的危机干预策略。

1. 评估方法

（1）一般问卷调查

即基本情况的调查。问卷为自行设计，其内容包括人口学资料、应激源遭遇情况，认知与情绪状态的初步判断等。

（2）心理测量

主要包括急性应激障碍问卷、创伤后应激障碍检查量表、症状自评量表、人格特征问卷、社会支持量表等。

（3）生物指标检测

皮质醇是评估应激的有效指标。正常情况下，皮质醇最高水平通常出现在早晨6～8点，最低水平出现在凌晨0～2点，并在凌晨2点左右开始回升，其余时间段则呈现缓慢下降趋势。当个体处于应激状态时，皮质醇会随着下丘脑—垂体—肾上腺轴（HPA轴）功能的增强而增大分泌量。唾液、尿液、血液皮质醇可用于评估急性应激下的生理反应。通过检测头发皮质醇的浓度，可用于评估应激的持续生理反应，评定个体在相应时段的应激水平及其消极影响。

2．评估模型

目前国外主要有以下三种评估模型。

（1）三维筛选模型

通过情感、认知和行为三个方面评估当事人的功能水平。情感方面评估愤怒/敌意、恐惧/焦虑、沮丧/忧愁三项内容；认知方面评估侵犯、威胁和丧失三项内容；行为方面评估接近、回避、失去能动性三项内容。模型采用1～10分的10级评分量表，评估当事人三个领域的心理应激障碍的严重程度。

（2）阶段性的评估模型

个体从出现应激反应到反应消除或恶化一般需经历五个阶段。

① 即刻应对期

一些灾后幸存者常常表现出混乱或充满恐惧，也有人表现出良好的思维能力和身体耐受性。

② 早期适应期

一些受难者会不相信或否认灾难的降临，这是一个比较危险的应对反应。大多数幸存者表现出对现实的某些“麻木”，这有助于他们与无法想象的环境作斗争。

③ 适应中期

当受难者最后意识到“与死神如此近”时，他们开始出现反复回忆或体验灾难的经历。

④ 适应晚期

在灾难后的1～3个月，幸存者表现出忍耐性下降、抱怨增多、缺乏幽默感和不信任旁人，还可伴有头痛、恶心、腹泻、胸痛、出汗和疲劳等躯体不适。

⑤ 消退或症状发展

最后幸存者或者解决了创伤后的症状，或者症状加重，发展为焦虑、抑郁、酒精或药物依赖相关的障碍，还可以出现新的症状，如闪回、抑郁、强迫、惊恐发作、梦魇或失眠。

该模型以应激反应的五个阶段为理论基础，用于评估个体处于从出现应激反应到反应消除或恶化的哪一阶段。

（3）人与环境互动的评估模型

该模型主要评估个体应激及其影响因素。这一模型重视应激事件的多样性，即不同类型的环境灾难引起人的应激反应是不同的，可根据应激的类型来分析受灾者的应激反应。

（二）心理危机预警

我国突发事件心理危机预警和干预研究还处在初始阶段，各方面的研究还不够深入，缺乏对心理危机产生和发展机制的实证研究，缺乏客观有效的心理危机评估标准等。

目前，我国突发事件心理应激系统防御机制缺失或构建不够科学有效，使事前的预防和教育等工作很难有章可循，不能达到从根本上减少心理危机发生的目的，而心理危机的后续干预阶段则多被忽略掉了。

三、心理危机干预

心理危机干预是一门新兴学科，是危机管理的重要组成部分，它可以帮助人们加固和重塑心理结构，顺利度过危机，并学习到应对危机有效的策略与健康行为，预防创伤后应激障碍。及时的、迅速的、有效的行动是危机干预成败的关键。

心理危机干预属广义的心理治疗范畴，是运用心理治疗的手段，帮助危机状态下的当事人，采取明确有效的措施，处理迫在眉睫的问题，恢复心理平衡，使之安全度过危机，重新适应生活。干预的对象不一定是"患者"，尽管大多数国家将此列为精神医学服务范围。

（一）危机干预目的、目标和遵循原则

1. 心理危机干预目的

避免因情感波动造成自伤或伤及他人；恢复心理平衡与回归现实；学到对未来可能遇到的突发事件有更好的应付策略与手段。

2. 心理危机干预的目标

降低急性、剧烈的心理危机和创伤的风险，稳定和减少危机或创伤情境的直接严重后果，促使个体从不良状态中恢复或康复。

在心理上帮助病人解决危机，使其功能水平至少恢复到危机前水平是危机干预的最低治疗目标。提高病人的心理平衡能力，使其高于危机前的平衡状态为最高目标。

3. 危机干预应遵循的原则

心理危机干预是一个短期的心理帮助过程，是指心理医生采取迅速有效的应对措施使

人们获得生理心理上的安全感，缓解乃至稳定由危机引发的强烈的恐惧、震惊或悲伤的情绪，恢复心理的平衡状态，增进心理健康。

进行心理危机干预时应遵循以下几个原则。

（1）及时性原则

压力是导致危机心理最本质的因素。当个人经历或目睹重大灾难性突发事件后，内心紧张会不断积蓄，当压力积累并超过个人平时身心所能承受的极限时，个体将无法通过常规手段去解决面临的问题和应对当前的困难，而陷入无法控制的、惊慌失措的失衡状态，这种状态具有引起人的心理结构颓败的潜在可能，必须尽早干预。公认的最佳干预时间在危机事件发生后 24～72 小时。错过这一心理治疗的最佳时期，虽然还有远期的补救治疗，但是效果远远不如在应急阶段进行的心理危机干预。

（2）生命高于一切的原则

生命高于一切的原则是世界各国处理心理危机过程中所遵循的基本原则。危机状态中的个体，容易产生过激行为，如自伤或伤人。心理医生在进行危机干预时，应首先把被干预者的生命安全放在首位，及时采取积极有效的措施予以干预。

（3）释放为主的原则

释放是指个体把可能引起心理危机的情绪或其他负面的心理能量及时排解出去的过程。在进行心理干预时，引导被干预者把悲伤、害怕，甚至攻击情绪，尽量宣泄出来，而不是否认或掩饰内心的担忧和恐惧。如果能及时恰当地释放这种不良情绪，就可以减轻心理压力。

（4）反复评估的原则

心理危机评估是心理危机干预的前提，在整个危机干预过程中有着十分重要的作用，该原则贯穿于整个干预过程。危机干预初期，干预者必须在短时间内完成心理危机评估，迅速准确地了解个体的危机情境及心理应激反应。评估主要包括个体经历的突发事件情境，个体的生理、心理、社会状态，以及个体采取的应对方式等。危机干预中，干预者通过观察、交谈以及使用量表等方法对个体的认知、情感和行为等各方面进行评估，以了解目前的干预效果并及时调整干预方案。

（二）危机干预对象和干预形式

1. 干预对象

需要心理干预的人群范围很广泛。

灾难性事件的心理援助的对象主要来自四个层面：一是遇难者家属；二是旁观者（包括幸存者、目击者）；三是外围人群（包括官员、记者、遇难者同事，以及通过媒体间接体验到灾难冲击的一类人）；四是救援人员。在我国，灾难后救援人员多为非心理专业人员，救援任务的突发性、艰巨性和结果的不确定性会对救援人员造成心理创伤。

突发急性传染病类公共卫生事件,其干预对象既包括发病者、疑似病者,也包括与患者有密切接触者、家属、被隔离者、一线的医护人员、应急服务人员、志愿人员。

灾难性事件给人造成严重的心理创伤,若没有外界细致入微的抚慰疏导和心理干预,很难在短时间内脱离恐慌,回归正常状态。特别是儿童,心理发育不够完善,各种事件的应对能力及寻求别人帮助的能力均有限,更易导致严重的心理创伤。年龄越小,受到心理创伤的影响就越大,如果不进行及时有效的心理干预,今后出现强迫症、恐惧症、焦虑症等各种心理问题的概率会很高,如果处理不好,恐惧和阴影有可能伴随其终生。

2. 干预形式

心理干预按对象可分为团体干预和个体干预两种形式。

(1) 群体干预

群体心理危机干预是为了某些共同的目的,将成员集中起来进行的心理干预,通过成员们彼此诉说当时的所见所闻及痛苦经历,或谈听后感,相互启发,讨论一些实际的信息和恢复方法,促使个人在人际交往中观察、学习、体验,认识自我、分析自我、接纳自我,不仅使他们情绪上得到支持,而且也可使他们产生心理重构的认同,激发自己面对灾难的新思维。

团体干预对象一般是由相同经验危机者组成,6~20 人不等,甚至更多。具体步骤包括建立群体互助小组、建立稳定的小组关系、群体活动、临床评估和自我报告。干预者采用各种心理治疗理论与技术,并利用团体成员间的相互影响,以达到消除心身症状的目的。群体心理干预是一种经济、简捷、高效的手段。

(2) 个体干预

个体心理危机干预是指针对处于心理危机状态的个人及时给予适当的心理援助,使之尽快摆脱困境。对于特殊症状者或心理应激障碍严重的个体(包括团体辅导之后个别仍比较严重的个体),须进行一对一的个别咨询,采用适合个体特殊性的心理技巧进行干预。个体心理危机干预主要目的是防止灾难后的过激行为,促进交流与沟通,鼓励当事者充分表达自己的思想和情感,鼓励其自信心和正确的自我评价,帮助干预对象解决问题,处理情感休克或激惹状态。

(三) 干预模式

1. 平衡模式

平衡模式也称平衡和(或)失衡模式。危机中的人通常处在一种心理或情绪的失衡状态,在这种状态下,原有的应对机制和解决问题的方法不能满足其当前的需要,此时危机干预者主要精力应该集中在稳定求助者的心理和情绪上,使他们重新获得新的平衡状态,在重新达到某种程度的稳定之前,不应采取其他措施。这种模式在处理危机的早期干预时特别适合。

2. 认知模式

危机来源于当事者对危机事件和围绕事件的境遇进行了错误思维和错误归因。该模式的基本原则是通过改变个体思维方式，特别是改变非理性的认知和自我否定，重新获得理性和自我肯定，从而能够实现对危机的控制。这种模式较适合于那些心理危机状态基本稳定下来，逐渐接近危机前心理平衡状态的受害者。

3. 心理社会转变模式

该模式认为，人是遗传和环境学习交互作用的产物，危机是由心理、社会或环境因素引起的，分析当事者的危机状态，应该从内、外两个方面着手，除了考虑当事者个人的心理资源和应对能力外，还要了解其同伴、家庭、职业和社区的影响，因此引导人们从心理、社会和环境三个范畴来寻找危机干预的策略。将个体内部适当的应付方式与社会支持和环境资源充分地结合起来，从而使当事者能够有更多的问题解决方式。此模式最适合已经稳定下来的受害者。

此外，国外危机干预还有资源整合模式和综合性干预模式，这些模式为不同的危机干预策略和方法提供了基础。

(四) 危机干预实施步骤

危机干预一般可分四个步骤进行。

第一步，确定干预对象和干预问题。首先确定干预对象，了解其背景资料、自身的应付能力、习惯性的应对方式及相关的支持系统。其次对干预对象的临床表现，包括情绪情感体验、认知反应、思维方式、行为改变和躯体症状等，进行分析评估，明确干预的问题及严重程度。

第二步，制定危机干预方案。根据支持系统及其能力，制定符合求助者实际情况的干预方案，来解决目前的危机或防止危机进一步恶化。干预方案要考虑到有关文化背景、社会生活习惯以及家庭环境等因素，要充分考虑到受害者的自控能力和自主性。危机干预方案应限时、具体、实用及灵活可变。

第三步，实施危机干预。按既定实施方案，创造性、灵活地使用各种干预技术，帮助干预对象学会并掌握解决危机所需要的技巧。积极处理急性应激反应，开展心理疏导、支持性心理治疗、认知矫正、放松训练、晤谈技术等，必要时适当应用镇静药物。危机干预所需时间取决于干预对象面临的危机性质、干预对象的自身能力。

第四步，危机干预结束。当干预对象情绪情感恢复、行为正常、认知能力改善、自我保护意识加强时，可以考虑及时结束干预，并处理终止干预的有关问题。终止干预有关问题主要有两个：一是进一步强化干预对象习得的应对技能，二是处理干预对象对干预者的依赖等。

干预结束后，干预者可以通过电话或上门等方式定期了解当事人的最新情况，了解、观察干预效果。

（五）主要心理危机的干预技术和方法

根据病人的不同情况和治疗师的优势，采取相应的心理治疗技术，包括短程动力学治疗、认知疗法、行为治疗等方法。

一般来说，危机干预主要应用的技术如下所示。

1. 沟通和建立良好关系的技术

如果不能与危机当事者建立良好的沟通和合作关系，则干预及有关处理的策略较难执行和贯彻，从而就不会起到干预的最佳效果。因此，建立和保持治疗师和危机者双方的良好沟通和相互信任关系，有利于当事者恢复自信和减少对生活的绝望，保持心理稳定和有条不紊的生活，以及改善人际关系。

一般来说，影响人际沟通的因素有许多，其中包括心理学、社会学、文化人类学、生态学和社会语言学等方面。

沟通过程中注意消除内外部的"噪音"（或干扰），以免影响双方诚恳沟通和表达的能力。避免双重、矛盾的信息交流，如工作人员口头上对当事者表示关切和理解，但在态度和举止上并不给予专心的注意或体贴。

2. 支持技术

主要是给予精神支持，而不是支持当事者的错误观点或行为。

这类技术的应用旨在尽可能地解决目前的危机，使当事者的情绪得以稳定，可以应用暗示、保证、疏泄、环境改变、镇静药物等方法，如果有必要，可考虑短期的住院治疗。有关指导、解释、说服主要应集中在放弃自杀的观念上，而不是对自杀原因的反复评价和解释，同时注意，避免给予过多的保证，尤其是那种"夸海口"，因为一个人的能力是有限的。在干预过程中避免应用专业性或技术性难懂的言语，多用通俗易懂的言语交谈，不应带有教育的目的，虽说教育是干预者的任务，但应该是危机解除和康复过程中的工作重点。

3. 干预技术

干预技术亦称解决问题的技术。让当事者学会对付困难和挫折的一般性方法是危机干预的主要目标之一，这不但有助于渡过当前的危机，而且也有利于以后的适应。

危机干预工作人员的职责：帮助当事者正视危机；帮助当事者正视可能应对和处理的方式；帮助当事者获得新的信息和知识；可能的话，在日常生活中提供必要帮助；帮助当事者回避一些应激性境遇；督促当事者接受帮助和治疗。

干预的基本策略：主动倾听并热情关注，给予心理上支持；提供疏泄机会，鼓励当事者将自己的内心情感表达出来；解释危机的发展过程，使当事者理解目前的境遇、理解他人的情感，树立自信；给予希望和保持乐观的态度和心境；培养兴趣、鼓励积极参与有关的社交活动；注重启动社会支持系统，多与家人、亲友、同事接触和联系，减少孤独和心理隔离。

　　具体步骤：① 明确存在的困难和问题；② 提出各种可能的解决问题的方法；③ 罗列并澄清各种可能方法的利弊及可行性；④ 选择最可取的方法（即作出决定）；⑤ 考虑并计划具体的完成步骤或方案；⑥ 付诸实践并验证结果；⑦ 小结和评价问题解决的结果。

第六章　心理压力调控方法

第一节　心理训练

心理训练已逐步在心理压力的调控中发挥积极作用，其对提高干预对象的心理素质、应对能力甚至工作能力等方面都将产生积极的影响。

一、心理适应能力训练

心理适应能力是个体对外界环境及其变化做出适应性反应的一种心理能力。适应能力强者，无论遇到多么艰难困苦、复杂多变的环境都能临危不惧、处变不惊，并始终保持稳定、冷静、积极的情绪；而适应能力弱者，则往往表现出过分的紧张、惊恐和被动应付。心理适应能力不是固有的，而是在教育、训练与管理实践活动中逐渐形成的。只有通过自觉、严格的心理训练，才能最终形成适应各种压力刺激的心理品质。

心理学研究表明，人脑对刺激物的适应程度是随着人的实践活动变化的。对于一些经常执行各种高危任务的群体来说，就是要紧密结合任务的特点，有目的、有针对性地进行各种复杂情况下心理适应性训练，使其熟悉和习惯于复杂任务条件下可能出现的各种刺激因素，掌握当各种刺激物侵袭时克服和减轻心理负荷的方法，保持心理平衡，为赢得任务胜利奠定良好的心理基础。提高个体心理适应能力的训练可以通过多种方法、途径来进行。如通过学习有关压力应对的知识，使人们掌握自我调控的技巧；通过场景的模拟，使人们建立起与所执行工作任务相一致的新的心理活动方式。

二、心理承受能力训练

心理承受力是指个体承受外界强烈刺激的心理能力。当一个人的心理负荷超出一定限度，就会出现心理疲劳，诱发心理障碍，甚至造成心理创伤。心理学研究表明，个体经过心理训练之后，面对外界强烈刺激，往往能够比较自觉地调节心理紧张程度，使其保持适度的紧张状态，促进心理活动能力，从而使心理承受力不断增强。因此，在平时的训练活动中就应当充分利用这种机制，采取科学方法，模拟压力或应激环境可能出现的情况，对个体的心理活动进行"冲击"，以提高他们的心理"抗震"能力、负重能力，扩大其心理容量。

　　心理承受能力训练，不只是被动的适应性训练，而是建立在人们对压力特点充分认识、理解基础上的主动性训练。人们只有学习掌握有关压力及其应对的必要知识，才能在应激过程中、准备中准确判断危险的程度，并对其采取恰当的措施。事实证明，当较为熟悉的情况在压力事件中上出现时，因为有心理准备或知道如何应付，个体就会表现出较强的心理承受力；相反，当不了解和不熟悉的情况在压力事件出现时，因为没有心理准备且不知道如何应付，个体就容易产生慌乱情绪。因此，提高个体的心理承受力，必须加强对压力及其应对知识的学习，并利用这知识来实施训练。

三、情绪管理训练

　　健康的情绪可使个体高绩效完成学习、工作，取得良好的成绩，还与个人进步和家庭生活幸福息息相关。

(一) 健康情绪的标准

　　情绪健康的主要标准是情绪稳定，心情愉快。具体体现在以下几个方面：① 愉快的情绪多于不愉快的情绪，表现为乐观开朗、充满热情、富有朝气，善于自得其乐，对自己、对生活充满信心和希望。② 情绪稳定性好，善于控制和调节自己的情绪，既能克制约束，又能适度宣泄，不过分压抑，使情绪的表达既符合社会规范的要求也符合自身的需要。③ 情绪反应是由适当原因引起的。就是说，一个人的喜、怒、哀、恐等情绪是由具体的可感受的现象和事物引起的，而非莫名其妙的无端反应。同时，情绪反应的性质、强度和持续时间应与引起这种情绪的情境相符合。

(二) 健康情绪的培养

1. 充实自己的精神生活

　　树立远大理想。有理想的人精神有寄托，而且为了实现理想会自觉调整情绪，情绪就自然处于积极、稳定、乐观、向上的状态。多读书、学习，提高思想文化修养。有思想文化修养的人胸襟开阔，少猜疑，不嫉妒，情绪也就能够保持在健康、良性状态。

2. 增强自信

　　自信心是一个人对自己积极的感受，是觉得自己有能力、有价值，自己看重自己。自信的人自然会表现出活泼的生机、乐观的情绪、轻松自如的神态。无论在什么境遇，只要保持自信就不会陷入沉重的抑郁和强烈的焦虑之中。自信是保持情绪健康的必备品质。

3. 优化意志

　　意志品质对健康情绪的培养能产生深远影响。意志薄弱者永远只能做不良情绪的俘虏，只有意志坚强的人才能做自己情绪的主人。

4. 调控期望值

　　情绪是人们需要满足与否的反应。在现实环境中，对他人、对自己、对事物期望值太高，势必难以满足需要而产生失望、绝望、不满等不良情绪。因此，要学会把期望值调整到适当的高度，要能够在一定范围内懂得知足。

5．发展友谊

一个人在良好的人际关系中获得的理解、尊重、同情、安慰等精神上的支持，可以减轻和消除心理应激带来的紧张、痛苦、焦虑、抑郁等不良情绪。良好的人际关系能够满足人的安全感和归属感的需要，使人情绪稳定，精神愉快。

6．当机立断

不少人经常为一些小问题左思右想，犹豫不决，平添了许多焦虑和烦恼；而对于已决定了的事又经常后悔，势必造成情绪不佳。对于这类问题，在"鱼和熊掌"不可兼得的情况下，要当机立断，及时决定取舍。

7．学会幽默

高尚的幽默是精神的消毒剂，是消除不良情绪的有效工具。当遇到某些无关大局的不良刺激时，要避免使自己陷入被动局面或激惹状态，最好的办法就是以超然洒脱的态度去应付。

8．适当娱乐

娱乐是调节情绪、愉悦身心的好方法。娱乐内容要丰富、健康。可积极参加各种文体活动，如打球、登山、跑步、唱歌、看电影、练书法、下棋等。

四、自我意识训练

自我意识是对自己身心活动的觉察，即自己对自己的认识，具体包括认识自己的生理状况（如身高、体重、体态等），心理特征（如兴趣、能力、气质、性格等）以及自己与他人的关系（如自己与周围人关系，自己在集体中的位置与作用等）等。总之，自我意识就是自己对于所有属于自己身心状况的认识。由于个体能洞察自己的一切，因而能对自己的行为进行调节和控制。自我意识的成熟被认为是个性基本形成的标志，它在人的社会化过程中具有相当重要的地位。自我意识是个体社会化的结果，同时，自我意识的形成和发展又进一步推动个体的社会化。

由于自我意识在人发展过程中是循序渐进进行的，是在自我认识、自我体验和自我监控三种心理成分相互影响、相互制约的过程中发展的，所以，心理自我意识训练是在其自我意识发展规律的基础上，结合日常生活、学习和劳动，采取灵活多样的方式，促进自身认识自我、评价自我、体验自我和调整自我，促使自我意识健康发展。

（一）自我认识

自我认识在自我意识系统中具有基础地位，属于自我意识中"知"的范畴，其内容广泛，涉及自身的方方面面。自我认识训练重点应放在三个方面：一是学会认识自己的身体特征和生理状况；二是认识到自己在集体和社会中的地位及作用；三是认识到内心的心理活动及其特征。

自我评价是自我认识中的核心成分，是自我意识发展的主要成分和主要标志，是在认识自己的行为和活动的基础上产生的，是通过社会比较而实现的。由于我们自我评价能力不强，往往不是过高就是过低，大多属于过高型。因此，要提高我们的自我评价能力，就应学会与同伴进行比较，通过比较做出评价；还应学会借助别人的评价来评价自己，学会用一分为二的观点评价自己。由于自我评价是自我认识中的核心成分，它直接制约着自我体验和自我调控，所以，进行自我意识训练时，核心应放在自我评价能力的提高上。

（二）自我体验

自我体验是主体对自身的认识而引发的内心情感体验，是主观的我对客观的我所持有的一种态度，如自信、自卑、自尊、自满、内疚、羞耻等都是自我体验。自我体验往往与自我认知、自我评价有关，也和自己对社会的规范、价值标准的认识有关，良好的自我体验有助于自我监控的发展。进行自我体验训练，就是要增强个体的自尊感、自信感和自豪感，不自卑，不自傲，不自满，随着年龄增长让人们懂得做错事感到内疚，做坏事感到羞耻。

（三）自我监控

自我监控是自己对自身行为与思想言语的控制，具体表现为两个方面：一是发动作用，二是制止作用，也就是支配某一行为，抑制与该行为无关或有碍于该行为进行的行为。进行自我认知、自我体验的训练目的是进行自我监控，调节自己的行为，使行为符合群体规范，符合社会道德要求，通过自我监控调节自己的认识活动，提高学习、工作效率。

为提高自我监控能力，重点应放在促使一个转变上，即由外控制向内控制转变。如果自我约束能力低，常常会在外界压力和要求下被动地从事实践活动。针对这种现象，通过自我意识训练可帮助个体学会如何借助于外部压力，发展自我监控能力。

第二节　心理疏导

心理疏导以协助来访者宣泄情绪，恢复心理平衡，促进自我实现为目标，在帮助来访者放松心情的同时，重视的是个人的力量与价值，主要技术包括以下几个方面。

一、场面构成技术

场面构成技术的实质就是建立咨询的基本架构，特别是对于那些没有咨询经验的来访者来说，在咨询开始时就建立一个双方共同遵守的基本架构和基本规范是首要的任务。他们往往对心理咨询抱有某种过高的期望或幻想，或对心理咨询的理解存在偏差，咨询师需在咨询开始时的适当时刻对以上内容做出客观的说明。

场面构成技术也称结构化技术，是指咨询师就咨询过程的本质、目标、原则、限制、咨询师的角色与限制、来访者的角色与责任等做出恰当说明的一种技术。具体来说，结构化技术包括四方面的内容。

（一）说明心理咨询的性质

有些人认为接受心理咨询就像看病一样，可以药到病除、立竿见影，找到心理咨询师就可以使自己的问题一了百了，这些都是对心理咨询的性质了解不够所形成的偏见。如果来访者流露出上述想法，心理咨询师需解释清楚，心理咨询是一个助人与自助的过程，它通过双方的人际关系互动，共同对问题加以探讨，来促进来访者的自我探索，而不是谁为谁做决定的问题。

（二）说明心理咨询的保密原则

保密原则是心理咨询中最重要的原则之一，也是咨询师必须遵循的职业道德之一。在心理咨询一开始，强调保密原则可以减少来访者不必要的焦虑。同样，必要时也需简单说明保密原则的限制。

（三）说明咨询师的角色和限制

说明角色与责任，是为了让来访者了解到，咨询师不能担当解决问题的责任，不能强迫来访者做符合咨询师期待的事，也不可能代替来访者做决定。在咨询过程中，咨询师通过人际互动，用自己的热忱、专业知识和技巧协助来访者，不做不切实际的保证；关系的限制，让来访者了解，咨询师与来访者不能以朋友、师生、伴侣、父母、知己等关系来进行会谈，如果在会谈中咨询关系发生一些意外，双方应以真诚的态度加以探讨。

（四）说明来访者的角色和责任

时间的责任，让来访者了解每次会谈的时间限制（如 50 分钟），并准时依约前来会谈，如有变故，须提前告知。行为的责任，让来访者了解在会谈中自己有责任诉说，说出自己的故事，并与咨询师合作，达成咨询的目标，来访者并非被动等待咨询师的建议。过程的责任，让来访者了解大概要会谈几次，以及以什么样的方式进行。

场面构成技术使来访者对咨询的架构、方向以及咨询关系的性质、咨询过程有一个初步了解，为咨询的进行建立良好的心理环境和规范保证。当咨询师和来访者在互动中共同建构了一个基本架构后，双方的心理上都无形中有了一个契约和约束。双方都明白，是否遵循咨询的时间、方向及各自的角色和职责，直接关系到咨询的效果，双方都会有意识地去约束自己的行为。而如果没有这些架构，来访者无形中会觉得咨询具有随意性，没有什么方向及规则，也会慢慢对咨询失去信心。所以，结构化技术为咨询建构了良好的心理环境。同时，对基本规范的维持，本身就具有治疗的效果。

明确来访者的责任，减少咨询关系中的暧昧性，协助来访者积极调动自己的内部资源。咨询的目的是"助人自助"。当来访者明确了自己的责任后，才能意识到自己才是心理咨询的主角，才能慢慢减少依赖性和那些不切实际的期望，才能有意识地去调动自己内部的资源，也只有这样，咨询的效果才能发生。如果来访者一直把希望寄托在咨询师的身上，而自己只等着坐收渔利的话，也就无须谈咨询的效果了。所以，结构化就像咨询过程的一个骨架一样，能给双方一种约束和力量，有了这种约束和力量，才能保证咨询的正常进行。

二、倾听技术

倾听是所有咨询反应和策略的先决条件，是咨询过程中最先做出的反应。咨询师如果不能很好地倾听，来访者可能就会因为得不到鼓励而不能进行深入的自我探索，双方就有可能不能正确讨论问题，或者咨询师就可能过早地提出干预策略。心理咨询中有一句话"心理咨询的过程就是出租自己耳朵的过程"，这句话道出了倾听的重要性。但是，做到真正的专注和倾听并不容易。

(一) 倾听技术的内涵

倾听技术是指咨询师全神贯注地聆听来访者的叙述，认真观察其细微的情绪及体势的变化，体察其言语背后的深层次情感，并运用言语和非言语行为表达对来访者叙述内容的关注和理解。专注与倾听技术是咨询师在整个咨询过程中所用的基本技巧，可分为两个层面：第一个层面是指咨询师身体的专注与倾听；第二个层面是指咨询师心理的专注与倾听。所谓咨询师身体的专注与倾听，是指在咨询过程中，咨询师的全身姿势传递出他对来访者的关切，愿意听来访者诉说问题的始末；所谓咨询师心理的专注与倾听，是指咨询师不只倾听来访者的言语内容，而且也注意来访者语调的变化以及非言语行为表现。

(二) 倾听技术的功能

倾听技术的主要目的是了解来访者的主要问题并传达给来访者一种被关注和尊重的感觉。因此，倾听更多的是从身体语言和表情传达出来的。具体地说，倾听技术的主要功能包括以下几点：

（1）建立良好的咨访关系，向来访者传达自己真切的关注和尊重。

（2）鼓励来访者开放自己，坦诚表白，讲自己的故事。

（3）专心聆听与观察来访者言语与非言语行为，深入其内心世界。

（4）有的来访者来咨询的目的是希望能有一个倾诉的机会，因为其内心的烦恼在身边没有途径可以宣泄。对于这些来访者，倾听就显得尤为重要。

(三) 倾听技术的注意事项

1. 不能急于贴标签下结论

有些初学者往往在未真正了解来访者所叙述的事情真相之前，为了显示自己经验丰富，盲目提供咨询意见，给来访者贴一个标签，这样无形中让来访者心理上产生一种无助感，抑制来访者的自我开放。

2. 不能流露出对来访者问题的轻视

有些咨询师在咨询中，总认为来访者的问题是小题大做、无事生非、自寻烦恼，因而流露出轻视、不耐烦的态度。这说明咨询师并没有真正放下自己的参照系去看待他人的行为问题，还不具备忍受模糊情境的特质。

3. 不能急于教育或做道德评价

这也是心理咨询区别于德育等其他教育的根本所在。有些咨询师习惯性地对来访者的所言所行做出正确与否或道德上的评判，比如"你讲话怎么会有这么多的口头禅""你这种想法是不符合社会道德的"，或"这件事上明明是你错了，你还说别人的不对""你这种价值观念是不正确的"等。这与心理咨询的理念是背道而驰的。心理咨询是一个助人与自助的历程，咨询师不能在一旁说三道四，把自己的价值观念或社会的是非标准强加给来访者。

三、简述语意技术

有时来访者只是陈述事实内容，咨询师可以用自己的话简要地复述来访者谈话的主要内容，不但可以向来访者表明咨询师正在认真地了解他，也可借此检验自己是否正确把握了来访者话中的含意。

(一) 简述语意技术的内涵

简述语意又称释义或说明，是指咨询师把来访者的主要言谈、思想加以综合整理，再反馈给来访者。有时当来访者的叙述冗长、内容繁多，咨询师必须确定他所了解的是否就是来访者想要表达的内容。此时咨询师可以使用简述语意技术，提纲挈领，将他所了解的重点传递给来访者，以确定两人的互动是在有共鸣的基准线上进行的，以免造成"你走你的阳关道，我过我的独木桥"的状况。有时候来访者因受问题或情绪困扰过久，刚来到咨询室时思维混乱、语言杂乱无章、叙述的内容五花八门，让咨询师觉得眼花缭乱。简述语意技术可以协助咨询师将来访者的叙述分门别类、归纳、比较，从中理出重要的咨询方向。

最有效的简述语意包括以下三个关键点：一是使用来访者的姓名及代名词"你"；二是使用来访者最重要的语句；三是咨询师对来访者所谈到的语言的本质加以浓缩，使其明朗化。

(二) 简述语意技术的功能

简述语意技术其实是咨询师向来访者确认自己对来访者问题的了解，具体地说，简述语意的功能包括：一是检查咨询师对来访者问题的理解程度；二是来访者有机会重新解释自己的思想，重新探索自己的问题，深化谈话内容。

四、情感反应技术

来访者心中的情感在故事中扮演了重要角色。来访者叙述自己的故事时，有时情感没有被清楚地表达出来，说明有隐而未见的心理需要。探索来访者自己的情感，有助于提高自我觉察能力，从而更趋近于其核心问题的解决。

（一）情感反应技术的内涵

情感反应技术是指咨询师辨认、体验来访者言语与非言语行为中明显或隐含的情绪情感，并且反馈给来访者，协助来访者觉察、接纳自己的感觉。格林贝格与萨弗朗将来访者对情感的觉察分为五个层次：一是情感出现，但是未被觉察到；二是情感出现，但是只有部分被觉察到；三是情感出现，但是没被转化为语言；四是情感出现，并且被转化为语言；五是情感出现，被转化为语言，知道引发情感者为何人何事，也知道处理情感的可能行动、需求与期望。

来访者在情感信息处理的过程中，因为对情感信息的觉察与处理状况的不同，而对情感的觉察有不同的层次。一些以情感为取向的心理治疗学派认为，来访者的问题在于对情感的觉察受阻碍，因而无法表现健康的适应行为。这些学派将协助来访者觉察与表达情感视为促进来访者顿悟、产生行为改变的咨询重点。情感反应技术可以帮助来访者重新检视自己的经验，进入自己的感觉，觉察、接受与表达自己的情感。

（二）情感反应技术的功能

情感反应技术的主要功能包括：一是引导来访者理清其模糊不清的主观情绪世界，达到对自己的整体性认知；二是协助来访者了解自己的感受并接受这些感受；三是情感反应也有稳定来访者在会谈当时心情的作用，让来访者感觉到咨询师对自己深切的体谅和理解，增进来访者的安全感和对咨询师的信任。

五、具体化技术

由于来访者表达的大部分信息出自内部的参照系统，它们可能是模糊而混淆的，这就需要咨询师确认对来访者信息知觉的准确性，并检查从来访者的信息中听到的内容是否准确。

（一）具体化技术的内涵

具体化技术是指咨询师聆听来访者叙述时，若发现来访者陈述的内容有含糊不清的地方，咨询师以"何人、何时、何地、有何感觉、有何想法、发生什么事、如何发生"等问题，协助来访者更清楚、更具体地描述其问题。来访者描述自己的问题时，可能会因为自尊、面子、过去的痛苦经验或其他原因，只提取某一部分对自己有利的信息，因而描述的内容模糊不清。咨询师可以借用开放式的问句。如："你的意思是……""你说你觉得……你能说得更具体点吗？""你是怎么知道的？""你所说的……是指什么？""你能给我举个例子吗？"等，来触动来访者的信息处理过程，鼓励来访者从记忆中提取更多客观的信息。

（二）具体化技术的功能

具体化技术是为了进一步了解来访者的问题和想法，具体来说，包括：一是避免漫无目的的谈话，使咨询双方始终围绕主题；二是协助来访者进一步了解问题，产生顿悟，当来访者表述含糊不清时，往往反映出其思维的混乱，具体化技术可以帮助来访者进一步明确自己的感受和想法；三是促使来访者进行实际有效的问题探讨、问题解决及行动计划，具体化技术可以帮助盲目抱怨的来访者从含混不清的情绪中走出来，进行建设性的思考。

六、共情技术

共情，也被称为移情、同情、同感、共感等。简而言之，共情技术是指咨询师一边倾听来访者的叙述，一边进入来访者的精神世界，并能设身处地感受这个精神世界，然后跳出来以语言准确地表达对来访者内心体验的理解。

（一）初级共情技术的内涵

先来谈谈初级共情，做到初级共情，需体验下列步骤。一是转换角度，真正设身处地地使自己"变成"来访者，用他的眼睛和头脑去知觉、体验、思维，按罗杰斯的看法，共情就是"体验他人的精神世界，就好像是自己的精神世界一样"；二是设身处地地倾听来访者；三是还要能够适时地回到自己的世界，借助于知识和经验，把从来访者知觉到的东西做一番整理，理解他们；四是用言语的和非言语行为做出反应，引导来访者对其感受做出进一步的思考；五是在反应的同时留意对方的反馈信息，必要时应直接询问对方是否感到已被理解了。

（二）初级共情技术的功能

初级共情技术的功能主要包括四个方面：一是初级共情可以传达理解和关注，使来访者有被尊重的感觉，有助于建立良好的咨访关系；二是从来访者的反馈判断共情反应是否正确，从而修正咨询师对来访者的理解；三是疏导来访者的情绪，鼓励他继续说下去；四是协助来访者自我表达、自我探索，理清来访者的自我概念。

（三）高级共情技术的内涵

高级共情技术是指咨询师将来访者在叙述的内容中隐含的、说了一半或暗示的部分，即来访者谈话背后真正的感受、体验和想法，用语言表达出来，促使来访者以新的观点来思考自己及自己与所处环境的关系，使自己得到某种程度的领悟。这与第一个阶段讲到的初级共情有所不同。两者的区别在于，初级共情是针对来访者明确表达的感受、行为及困难予以共情、了解，而不去深究隐藏、暗示的部分，为的是在咨询的初期建立良好的关系，鼓励来访者多谈，充分收集资料。当关系较稳固时，就不能总是停留在来访者的参考体系中原地踏步，要使用高级共情把来访者的真正问题或感受点拨出来，才能促使问题的有效解决。

（四）高级共情技术的功能

高级共情技术的功能主要包括两个方面：一是将来访者隐含、未直接表达出来的意思提出来与来访者沟通，做进一步探讨；二是协助来访者从另一种参考架构思考自己的问题，达到某种程度的领悟，为咨询开辟另一条道路。

七、探询技术

当咨询师对来访者的问题有所疑惑时，可以使用探询技术来进一步地了解问题。

（一）探询技术的内涵

探询技术是指咨询师针对来访者的问题或处境提出一些询问，协助来访者对个人的反应做详尽的说明、明确的叙述，使来访者对问题有进一步的澄清与了解。

探询是一个以讨论为基础、以启发为目标的积极的思维过程。因此，它对咨询师在帮助来访者认识与思考其当前困难、挫折与自我成长的关系时，要求如下：多提问题，少加评论；多做启发，少做说教；多鼓励对方讲话，少讲个人意见；多提开放式问题，少提封闭式问题。当然，咨询师在探询技术中并不必然采取被动、消极的态度，完全认同来访者所讲的每一句话。与此相反，咨询师要学会以提问来表达自己的不同意见，以讨论来加深来访者认识面临困难与自我成长之间的辩证关系，使其开阔视野，增加自信，发展自我。

（二）探询技术的功能

探询技术的主要功能包括三个方面：一是协助来访者澄清问题，提醒来访者自己遗漏或不想面对的部分；二是给咨询师提供收集资料的机会；三是拓展来访者对事件的不同观点和不同层面的思考。

八、立即性技术

在咨询过程中，来访者带着各种各样的困扰来找咨询师协助，双方在互动的过程中不可避免会出现一些状况，如双方关系中的暗流，不平常的心理状态或情绪状态等，阻碍咨询工作正常、有效地进行。因此，咨询师应对这些状况进行"立即""坦诚""真诚"的沟通与处理。只有处理完这些阻碍咨访关系发展的因素，心理咨询才能走上正常有效的轨道。

（一）立即性技术的内涵

立即性也称即时化、即时性，指咨询师对在咨询过程中影响咨询关系的言语、行为、情感、不平常的心理状态予以敏感的觉察和坦诚的沟通与处理。立即性反应本身不是目的，而是一种帮助咨询师和来访者进行更好配合的手段。如果把追求立即性作为目标，那它起到的作用常常不是帮助而是干扰。立即性主要处理那些如果不加以解决就会妨碍咨询关系和治疗联盟的问题。所以，立即性大致可分为两种类型：关系的立即性和此时此刻的立即性。

（二）立即性技术的功能

立即性技术的功能包括：一是公开表达咨询师对自己、对来访者以及两者间的关系的现时感觉，而这些感觉以前从来没有直接表达过；二是针对此时此刻相互关系中的某些方面展开讨论或提供反馈，包括分享咨询师的感受和情感，以及咨询师在互动过程中观察到的一些事情；三是帮助来访者进一步认识自己与他人的关系，以及这种人际关系出现问题的背后原因。

立即性技术可以向来访者示范如何讨论和解决他们在咨询之外的人际关系问题。立即性不是用来向来访者描述所有的感受或观察，而是将那些正在发生的、可能影响来访者对咨询师感受的事情加以公开讨论。立即性是引起公开讨论的一种手段，以增强双方的工作联盟。

九、自我表露技术

自我表露技术是咨询师有时会采用的一种技术，即咨询师向来访者表露自己的一些隐私的信息，以达到拉近咨询师与来访者的距离，并为来访者提供一定的启发意义的目的。

（一）自我表露技术的内涵

自我表露亦称自我揭示、自我开放或自我暴露，是指咨询师讲出自己的感觉、经验、情感和行为，与来访者共同分担，以增加彼此的人际互动。

自我表露通俗地讲就是向来访者表露自己半私人、私人和隐私性质的信息。在心理咨询的会谈中，最初只重视来访者的自我表露，认为这在咨询中是必需的，是使心理咨询成功的必备条件。社会心理学的研究观察到，当一个人向另一方做出一定的自我表露时，常常引发另一方做出相同水平的自我表露，随着这一过程的进行，双方的关系变得越来越密切。如果一方的自我表露未能引起另一人的自我表露，前一方的自我表露趋于受抑制。由此人们也开始重视咨询师的自我表露，认为这与来访者的自我表露是同样重要的。

（二）自我表露技术的功能

咨询师的自我表露技术的主要功能在于：一是可以使来访者感到咨询师对自己的信任，并拉近双方的距离；二是当咨询师讲述与来访者类似的经验时，可以起到对来访者的示范和启发作用；三是当咨询陷入停滞状态时，使用自我表露技术能使咨询效果出现转机。

十、面质技术

面质技术又称对立、对质、对抗、正视现实技术等，是指咨询师指出来访者身上存在的矛盾，构成对来访者的一种挑战，以动员他的能量为了其自身的利益向着更深刻的自我认识和更积极的行为迈进。

(一) 面质技术的内涵

在探索阶段里，咨询师不仅只是倾听，与来访者共情，协助来访者探索，还要细心观察来访者所说的内容及其沟通方式，发现他无法觉察、不愿改变的不一致、矛盾、防御以及不合理的想法和行为，并点出来挑战来访者，让来访者清楚阻碍自己成长发展的根本原因。在实际的咨询过程中，这种矛盾或不协调也许是一种防御行为，这时是使用面质的最佳时机。

(二) 面质技术的功能

面质技术的使用在于其时机的把握，面质技术使用得好可以引发来访者进一步成长，使用得不好则会破坏与来访者的关系。使用得当的面质技术的主要功能在于：一是让来访者透过自己言语和非言语的不一致，觉察到自己尚未留意的现象；二是协助来访者对自己某些破坏性或不合理的行为进行公开、真诚的挑战，推进咨询的进行，确立目标及设计行动计划；三是帮助来访者学习自我面质，进一步增加自我探索和自我成长的能力。

十一、角色扮演技术

角色扮演技术是指运用戏剧表演的方法，将个人暂时置身于相关人物的社会位置，并按照这一位置所要求的方式和态度行事，以增进人们对他人社会角色及自身原有角色的理解，从而学会更有效地履行自己角色的心理咨询技术。

(一) 角色扮演技术的内涵

角色扮演技术是一种较为特殊的咨询技术，并不是每次咨询中都适合使用。但是角色扮演技术却是一种有助于来访者理解其他角色行为和学习新行为的有效技术。

角色，按照社会学的概念，指社会团体期许的特定类别的人应该表现出的行为表现。可以看出，角色是被他人界定赋予的，所以一个人能够适当地扮演被期待的角色，或是表现出符合预期的行为，才会被他人肯定和接纳。个人在获得或选择一个角色之后必须对该角色有所认知，也知道社会对该角色的期待，能接纳该角色并具有角色技巧去实践它。否则，当个人不能适当地实践或扮演某一角色时，则将发生社会适应困难；若个人不能接纳该角色行为，或有两个以上的角色行为不能兼顾，则可能造成个人内心的冲突，形成自我适应问题。对于角色适应的困难，可以从两个方面得以澄清：一是觉察自己认知和情绪两方面的角色，把握自己对这个角色期待与角色行为的敏感度；二是觉察他人对该角色的知觉及认识状况，以及与他人的人际关系及双方情绪上的反应。因此，角色扮演可以帮助来访者通过清楚的沟通和适当的社交训练活动，知道自己应该扮演或是被期待的是什么角色，表现适当的角色行为，以避免人际角色冲突的发生。角色扮演技术已经广泛使用到教学、训练、团体辅导、个别辅导、心理治疗、心理剧等领域。

（二）角色扮演技术的功能

1. 协助来访者觉察自己的感受，宣泄情绪

当来访者对自己在某个人际互动过程中所表现的行为、想法或情绪感到迷惑不解或无所知觉时，咨询师可以扮演该情景中的相关角色，与来访者重演事件发生的过程。借着咨询师的催化，来访者觉察过去未觉察的情感、想法和信念，使情绪得到认定和宣泄。例如：一位来访学生在班上是所谓的"欺负大王"，总是无端地对同学进行攻击，还自称没有愧疚感。在咨询中谈到这种情况时，咨询师运用角色扮演的方式，让来访者重演欺负同学的情景，咨询师扮演受欺负的同学。借着咨询师的提示和催化，来访者体察被自己否认的感觉，把自己内心深处的感受说出来，正视自己（其实他内心有着一种深深的不安），然后讨论怎样处理。

2. 促使来访者澄清对他人的感受，修正对他人的了解

人与人之间的相互了解，需要透过想象中的角色扮演行为进行。有时来访者执着于自己的立场，而忽视了自己的行为对他人所造成的影响。若能由咨询师扮演来访者在生活中的角色，而由来访者扮演相关的角色，两人重新回到已经发生的互动情景，在这样一种特殊的环境，与特殊的对象重演生活中特殊的场景，也许会使来访者体验到特殊的感觉。来访者站在对方的立场，体验自己行为所造成的影响，他人对其行为的影响，以及他人对其行为所产生的感受，这些都有助于问题的解决。如上例中的来访者，虽然他知道欺负其他学生是不好的，但却没有改变自己行为的想法。面对这样的来访者，可由来访者扮演被欺负的同学，咨询师扮演来访者的角色。在模拟情景中，由于现身说法，来访者深刻地体验到自己的行为对其他同学造成的影响和恐惧，这是他从未设想过的，再辅以其他言语和非言语的引导，将收到事半功倍的效果。

角色扮演有时也用来对咨访关系进行立即性的澄清。在咨询师与来访者的互动关系中，可能因某种因素使得双方产生不利的变化，或者使咨询陷入一种僵局。这时双方可互换角色进行扮演，以便使咨询关系更清楚、更真诚，也使双方了解彼此的角色与任务，使咨询工作有效地进行。

3. 协助来访者预演与学习新的行为，提高应对能力

在咨询过程的行动阶段，咨询目标在于协助来访者拟订具体计划，改变行动。此时来访者对自己的问题有较清楚的了解和认识，对自己有信心，情绪稳定且愿意尝试新的行为。这时，咨询师必须布置适当的情景进行角色扮演，引导来访者熟练行动策略，并预见

可能遭遇的问题与行为的后果。这里分两种情况：一是以新的行为、感觉与想法面对原来的旧情景，预演与学习新的应对方式；二是来访者需要面对一个新的情景，但是不知道如何应对，这时要训练来访者的应对技巧。

第三节　心理治疗

心理治疗的方法繁多，但并不是每一种方法都适宜压力调控。其原因是压力情况紧急多变，来访者对快速缓解压力要求迫切。因此，应有针对性地选择那些简便易行且见效快的心理治疗方法，如支持疗法、暗示疗法和放松疗法等。

一、认知疗法

认知疗法就是通过改变人的认知过程以及在这一过程中所产生的认识观念来改变不良的情绪和行为。所谓认知一般是指认识活动或认识过程，包括信念和信念体系、思维和想象。具体来说，"认知"是指一个人对一件事或某对象的认识和看法，对自己的看法，对人的想法，对环境的认知和对事的见解等。认知疗法强调，一个人的非适应性或非功能性心理与行为，常常是由不正确的认知导致的。

(一) 探寻错误认知

认知疗法的第一步是探寻来访者的错误认知，常见错误认知包括任意推断、以偏概全、过度引申、夸大或缩小和极端思维等。

1. 任意推断

即在证据缺乏或不充分时便草率地做出结论，如"我是无用的，因为我去买东西时商店已经关门了。"

2. 以偏概全

这是一种瞎子摸象式的认知方式。如"单位中有许多不学无术的人在工作，这是我做领导的过错。"

3. 过度引申

或称过度泛化，是指在单一事件的基础上做出关于能力、操作或价值的普遍性结论，也就是说从一个琐细事件出发引申做出的结论。如"因为我不明白这个问题，所以我是一个愚蠢的人。"或"因为打碎了一只碗，所以我不是一个好母亲。"

4. 夸大或缩小

对客观事件的意义做出歪曲的评价，如"因为偶然的开玩笑，并无恶意地撒了一次谎，于是认为完全丧失了诚意。"

5. 极端思维

即要么全对，要么全错。患者往往把生活看成非黑即白的单色世界，没有中间色。如没有被聘为电视播音员，从而就产生："我感到非常沮丧，因为没有什么地方再会聘用我了。"

(二) 构建合理认知

认知治疗最为关键的一步是构建合理认知。构建合理认知需从以下几个方面入手。

1. 认识自动思维

在激发事件与消极情感反应之间存在着一些思想活动，可以是消极的自我陈述或是心理想象。例如，某患者看到狗便产生恐惧，在看到狗与恐惧反应之间他有一个想法是这狗会咬我，还可能有狗咬人的恐怖的想象。患者通常未意识到这部分习惯性思维活动，称为"自动思维"。

2. 列举认知歪曲

患者的心理或行为障碍与认知歪曲或错误密切相关，受其影响。向患者列举出错误认知，可以帮助他提高认知水平和矫正错误思想。

3. 改变极端信念

用现实的或理性的信念或原则替代极端或错误的信念原则。例如，某一极端的信念是：我应该并且一定要得到我想要的东西，这是我的权力。相应的更现实的自我陈述是：尽管我非常想得到某件东西，但我只是有权利去争取，并不意味着我一定得到或别人一定要给我才行。另一极端的信念是：如果我为某事努力工作，就应该获得成功。相应的现实的信念可以是：一个人无法保证事事都能成功，努力并不等于成功，而只是成功的一个条件。

4. 检验假设

认识并矫正认识歪曲、错误思想的一个方法是检验支持和不支持某种错误假设的证据。检验假设这一过程不仅帮助患者认识事实，还能发现自己对事物的认识歪曲和消极片面的态度。

5. 等级任务安排

应用化整为零的策略，让患者循序渐进，逐步完成若干力所能及的小任务，最后实现完成大任务的目的。例如，有一老太太，一直想整理贮藏室，但一想到任务艰难便畏难而退了。在治疗者指导建议下，她将清理工作分十次进行，每次只清理1～2个箱子，这样，她不再感到畏难和力不从心。

6. 日常活动计划

治疗者与患者协商合作，安排一些患者能完成的活动，每天每小时都有计划和任务。活动的难度和要求随患者的能力和心情改善而提高。这项技术既可帮助患者有效利用，又可改变患者的心境。

7. 掌握和愉快评估技术

此法常与日常活动结合应用，让患者填写日常活动记录，在记录旁加上两栏评定，一栏为掌握或困难程度评分（为 0~5 分，0 表示容易，5 表示难度最大）；另一栏为愉快程度评分（0~5 级评分，0 表示无愉快可言，5 表示非常愉快）。通过评定，多数患者可以发现自己的兴趣和成功方面以及愉快而有趣的活动，同时还可起到检验认知歪曲的作用。如某患者认为自己什么都不行，做不了任何事，或者做了也不会有意义。通过评估，他认识到自己还是能做一些事，做了以后也有愉快和轻松感，并觉得有些意义。

8. 教练技术

即治疗者为患者提供指导、反馈和阳性强化，帮助患者分析问题，发现问题。当他有困难时给予鼓励，有进步时给予强化。

具体来说，认知疗法可用以治疗抑郁性神经症，情绪障碍、抑郁症、焦虑症、恐怖症、强迫症、行为障碍、人格障碍、心理障碍及酒精中毒、偏头痛、神经性厌食、慢性结肠炎等身心疾病。考试前紧张焦虑、情绪激怒和慢性疼痛的求助者，使用认知疗法也可作为一种治疗方法。但是认知疗法对伴有幻觉、妄想或脑器质性病变办法的抑郁以及分裂、情感性精神障碍求助者无效或疗效甚微，目前有关认知疗法所引起的不良反应尚无报道。

二、支持疗法

（一）概念

又称支持性心理疗法、一般性心理治疗，不用去分析求治者的潜意识，而主要是支持、帮助求治者去适应目前所面对的现实，故又称为非分析性治疗。也就是说，当求治者面对严重的心理挫折或心理创伤，如发现自己患了癌症而无法医治，或发觉自己的配偶有不忠行为，或面临亲人受伤或死亡等意外事件时心理难以承受，难以控制自己的感情，精神几乎崩溃，感到手足无措，需依靠别人的"支持"来应付心理上的难关时，由施治者提供支持，帮助其应付危机。

支持疗法是中国使用很广的一种心理治疗概念，这一治疗方法的内涵非常丰富，一般是医生合理地采用劝导、启发、鼓励、同情、支持、评理、说服、消除疑虑和提供保证等交谈方法，帮助患者认识问题、改善心境、提高信心，发挥其潜在能力，提高应付危机的技巧，走出心理困境。避免精神发生崩溃，从而促进心身康复。

（二）机理

人们在遭受挫折或接受环境所加予的严重压力或灾难后，会产生紧张状态。这是一种特殊的心理生理状态，它不仅表现为焦虑、紧张、知觉过敏、表情不自然、注意难集中、小动作增多等心理改变，还可有一系列的生理表现，如尿意频频、心跳、手颤、食欲不振、血压增高、头痛头昏、月经不调等。在心理紧张状态下，人们常通过心理平衡调节系统，采取一系列的摆脱方法。这些方法有的是正确的，有的可能是病理性的、不正确的。

这时，要通过支持性心理治疗，增强心理平衡调节系统的机能，增强对心理紧张状态的承受力，支持他们采取正确的摆脱心理紧张状态的方法，以克服病理性的、不正确的方法。支持患者要求迅速治好疾病的心理，指导他去克服那些悲观、焦虑、恐惧、失望的心理，从而使患者与医生能密切配合，取得更好的疗效，这就是支持性心理治疗的理论基础。

疾病对人是一种威胁或危害，同时，它又是依患者意志为转移的客观过程，患者往往多少有些不安全感。不安全感本身对患者构成一种新的危害。它可以破坏患者稳定而愉快的心情，造成焦虑、疑虑和恐惧，也为有关疾病的错误观念大开方便之门。不良的心情往往造成患者身体功能的紊乱，阻碍疾病的康复，它还使自我感觉恶化，使疼痛加剧。支持性心理治疗是患病造成的不安全感的有效"拮抗剂"。

（三）治疗方法

1．提供适当的支持

当一个人心理上受到挫折时，最需要的莫过于他人的安慰、同情与关心。因此，这一原则就在于提供所需的心理上的支持，包括同情体贴、鼓励安慰、提供处理问题的方向与要点等，以协助求治者度过困境，处理问题，应付心理上的挫折。但需注意的是，施治者的支持要适度且有选择性，就像父母不宜盲目疼爱或袒护自己的孩子一样。通常说来，"支持"不是"包办"，施治者要考虑求治者所面临的心理挫折的严重性、自身的性格及自我的成熟性，应根据处理问题的方式及应付困难的经过而做适当的支持。此外，支持并非仅口中说说，而应在态度上有真切表示，让求治者体会到事情并非想象的那样糟。同时，鼓励患者说话要有事实依据，不能信口开河、乱编一气，否则对方不会相信并接受的。

2．调整对"挫折"的看法

协助求治者端正对困难或挫折的看法，借此来调节并改善其心理问题。例如：做父母的常因子女顶撞或不听话而气愤难平，施治者可帮助父母了解子女青春期的心理特点，说明子女向自己的父母表示意见，甚至提出相反的见解，是可喜的事情，这表示孩子已经长大，开始有了自己的独立见解，并非完全是不敬长辈的表现。假如能以此想法去看待孩子的行为，就不用特别生气，也就能以稳重的心态去应付年轻人的言行了。总之，检讨自己对问题和困难的看法，调整对挫折的感受，常能改变自己对困难的态度，使自己用恰当的方式去面对困难，走出困境。

3．善于利用各种"资源"

此原则是帮助求治者，对可利用的内外资源进行分析，看是否最大限度运用了资源，来对待心理困难和挫折。所谓资源，其范围相当广泛，包括家人与亲友的关心与支持、家庭的财源与背景、四周的生活环境及社会可供给的支持条件等。当一个人面临心理上的挫折时，往往会忘掉可用的资源，而不去充分利用，经常低估自己的潜力，忽略别人可以提供的帮助。心理医生应在这方面予以指导，助其渡过难关。

4. 进行"适应"方法指导

其重点之一就是跟求治者一起分析，寻求应付困难或处理问题的恰当的方式方法，并指导求治者正确选用。支持疗法的重点可放在分析、指导求治者采用何种方式去处理心理上的困难，并考虑如何使用科学而有效的适应方法。

5. 帮助疏泄不良情绪

医生以同情、谅解的态度，鼓励求治者倾诉其内心苦闷和不快遭遇。倾诉时医生要全神贯注地倾听，倾听过程中可适当应答，如点头、简要的重复、恰当简短的插话，不要对不清楚的问题作武断表态，倾听中的提问可放在患者诉说告一段落时。提问是为了澄清问题，而澄清问题是为了把握患者心理问题的实质。只有这样才能更好地帮助求治者理清问题头绪，采取有效措施，做到有的放矢、对症下药。

6. 给予合理的解释和保证

解释必须在充分了解求治者的情况和心理特征的基础上，有充分的事实根据，运用通俗易懂的言语，采取共同商讨问题的态度，使解释能为求治者所接受。医生首先应深入了解求治者的心理，鼓励求治者说出自己的疑虑，充分重视求治者身上的积极因素，使解释适合求治者的心理特点，提高其解决问题的信心，转变其对问题的态度，切忌强加于人。武断的消极的解释或模棱两可的说明会增加治疗困难。有力地保证能减轻焦虑，唤起希望和信心，促进病情好转。鼓励能帮助求治者振奋精神，促进求治者采取积极行动，如果求治者有积极的行为变化，医生应及时肯定和赞许，求治者的行为必然会获得改善。

(四) 适应症

精神支持疗法是一种基本的心理疗法，不管施行何种模式的心理治疗，支持疗法的原则都宜采用。然而，更确切地说，支持疗法特别适宜下列诸种情况。

1. 心理创伤

求治者遭遇严重的事故或心理创伤，面临精神的崩溃，急需他人的支持来度过心理上的难关。

2. 适应困难

求治者的心理脆弱或未成熟，需他人给予长期心理支持，以免精神状态恶化；或者刚从严重的精神疾患恢复，面临应付现实环境、需要适应现实的康复期。

3. 稳定情绪

在开始心理分析性治疗或其他特殊模式治疗之前，宜使用一段支持性心理疗法，建立求治者与施治者的良好关系，稳定求治者的情绪，为特殊性的治疗做准备。

4. 躯体疾病引起的心理问题

疾病可以妨碍一个人执行其社会功能，这在慢性患者身上尤其突出。破相和残疾可以导致严重的自我贬值，使人丧失自信和悲观失望。对于这些患者，支持在于帮助他们看到自己的才能和潜力，鼓励和指导他们循序渐进以达到某种目标。

5．社会心理问题

除了躯体患病以外，需要支持的情况还很多，如失恋、失业、考试落榜、工作压力、学习困难、人际关系紧张；各种生活事件造成的挫折和失败、损失和不幸；恋爱失败、婚姻危机、自杀行为、亲人死亡、自然灾害所引发的心理危机，都需要支持。

6．其他病情需要

不适合尝试分析性或其他特殊性心理治疗的求治者，施治者未接受特殊的心理治疗训练，或临床经验不足时，宜使用基本的支持疗法。

（五）注意事项

1．合理解释

不论是保证还是解释都应该实事求是，言过其实即使暂时有效，将来迟早要出问题。解释过多不仅没有必要，甚至还有害处。有些求治者医书看得愈多，顾虑也愈多，医生要懂得求治者对医学知识的渴求，或者"打破砂锅问到底"，往往是对疾病担心害怕甚至是疑病症的一种表现。

2．抓住重点

就一次支持性心理治疗而言，重要的是要防止含糊笼统的支持，也就是谈话要有重点，要结合实际问题有针对性地交谈。

3．周密计划

对于慢性患者，支持性心理治疗要有计划性。隔多久做一次支持治疗，每次治疗花多长时间，整个疗程持续多久，都应该有周密的计划。在进行过程中要定期回顾总结，还要设法调动其他人的力量，如家属或社区精神卫生工作人员。

4．防止依赖

求治者主观上不努力，不按医生的建议去做，而在心理治疗交谈中却非常"听话"，或对医生的支持特别感兴趣，都是依赖的常见指证。防止依赖在于一开始就要强调主动性和实践，治疗过程中要经常检查求治者对医生建议的执行情况并及时与求治者商量解决执行中的困难，加强具体的指导。

在使用支持疗法时，施治者同时应注意，对求治者的过分关心、同情与长期保持，可能会使求治者丧失自行适应、康复及成长的机会；或者造成求治者对施治者动机的误会，产生非治疗性的关系。因此，即使是最基本、最一般的支持性心理治疗，也得经历适当的训练和经验，并接受督导。

三、正念减压疗法

正念减压疗法在 20 世纪七八十年代被介绍到西方，为心理学界所注意，由乔·卡巴金

（Jon Kabat-Zinn）等学者介绍和科学研究，渐渐改良和整合为当代心理治疗中最重要的概念和技术之一，并因此诞生了正念减压疗法（MBSR）、辩证行为疗法（DBT）、接受实现疗法（ACT）、正念认知疗法（MBCT）等当代著名心理疗法。

MBSR 也称正念减压疗程，英文全称为 Mindfulness-based stress reduction，简称为 MBSR。MBSR 的核心步骤是正念冥想练习。正念冥想练习包含八周的课程，包含静坐冥想和行禅、身体扫描、轻瑜伽等练习，在治疗慢性疼痛、进行压力管理等方面有着显著的疗效，与医学疾病相关的心理疾病发病率也稳固降低。

（一）正念减压具体方法

1. 静坐冥想

静坐冥想是正念训练最核心的技术，也是最基本、最主要的技术。包括正念呼吸、正念身体、正念声音、正念想法四个方面，它们不是独立存在的几个方面，是循序渐进的过程。在练习中，有意地、不逃避、不加评判地、如其所是地观察伴随呼吸时腹部的起伏，观察身体的各种感觉，注意周围的声音，注意想法的升起、发展、变化，以至消失。

2. 身体扫描

身体扫描是正念训练常用方法之一，旨在精细觉知身体的每一个部位。身体觉知能力的增强可以帮助个体去处理情绪，同时把注意力从思维状态中转移到对身体的觉知上来。在身体扫描中，练习者闭上眼睛，按照一定的顺序（从头到脚或从脚到头）逐个扫描并觉知不同身体部位的感受。

3. 三分钟呼吸空间

三分钟呼吸空间是一个更加灵活、简单、耗时短而非常有效的正念训练技术。在练习中，练习者采用坐姿，闭上双眼，体验此时此刻的想法、情绪状态、身体的各种感觉；慢慢地把注意力集中到呼吸，注意腹部的起伏；围绕呼吸，将身体作为一个整体去觉知；快速地做一次身体扫描，注意身体的感觉，将注意力停留在异样的感觉上，并对这种感觉进行命名。

（二）正念减压疗法的组织形式

正念减压疗法的具体方法采取的是团体训练课程的形式。每个进入减压诊所的患者都需要参加一个为期8周的团体训练班，每周一次，每次2.5至3小时。练习的内容是禅定等正念训练，具体方法为：首先需要做的是被试为自己选择一个可以注意的对象，可以是一个声音，或者一个单词，或者一个短语，或者自己的呼吸、身体感觉、运动感觉；在选择完注意的对象之后，需要做的是舒服地坐着，闭上眼睛，进行一个简单的腹部呼吸放松练习（不超过一分钟）；然后，调整呼吸，将注意力集中于所选择的注意对象。当被试在训练的过程中，头脑中出现了其他的一些想法、感受或感情从而使被试的注意力出现转移，这不要紧，只需要随时回到原来的注意力上就可以。无论头脑中出现什么想法，都不用担心，只需要将注意力简单地返回到呼吸上来就可以，不用害怕，不用后悔，也不用任何评判。在像这样训练 10 到 15 分钟之后，静静地休息 1 至 2 分钟，然后再从事其他正常的工作活动。

（三）正念减压疗法的七个态度

1. 接纳

接纳意味着看到事情当下的本来样貌，接受这就是此刻事实的描述，如果头疼，就接受自己头疼。其实我们早晚都得面对并接受事情的本来样貌，不论是癌症诊断或是得知某人辞世了。通常人们都得经过情绪化的否认或愤怒后才懂的接纳，这是自然的发展，也是疗愈的历程。事实上，当下是我们唯一拥有的时间，也是唯一可以爱自己的时间，只有在当下才有机会开创新局。因此在真正改变之前，我们必须先接纳自己的现状，这是一种对自我的慈悲与智慧的选择。

接纳，不表示必须喜欢每一件事情，不意味着必须采取一种消极的生活态度或放弃自我的原则与价值观，也不表示必须对现况满意或只能宿命的顺从容忍。接纳，不表示应该停止改进不好的习惯或是放弃追求成长的欲望，更不表示必须容忍不公不义或回避投入改善环境的努力。接纳，单纯代表着我们愿意看到人事物的真实样貌。不论生活中发生什么事情，我们都能确实看清所发生的状况，不受自己的评价、欲望、恐惧或偏见所障蔽，如此一来，才更能采取适宜的行动。

2. 初心

当下的丰富性就是生命的丰富性。人们经常以自己的想法和信念来看待所"知道"的一切，这反而阻碍了当下的真实体验。人们视所有平凡为理所当然，错失了平凡里的不凡。为了观察当下的丰富性，就需要培养"初心"的态度。初心，指的是当人们面对每个人事物时，都好像是第一次接触。在正式正念练习时，这种态度尤其重要，不论是练习身体扫描、正念瑜伽或静坐，都要以初心的态度来进行。唯有如此，人们才能不被过去的经验所衍生的期待或恐惧影响。开放且初心的态度，让人们涵容人事物的各种新可能，让人们免于被自以为是的专精所捆绑。生命中没有任何一分一秒是一模一样的，每一秒都是独特的，蕴含了各种可能。初心，提醒着人们这个简单的道理。

3. 放下

印度有一种抓猴子的好方法。猎人在掏空的椰子上挖个洞，大小刚好可以让猴子的手穿入洞内，然后在洞的另一头钻两个小孔，穿线将椰子固定在树上，猎人将香蕉放入椰子后便躲起来。不久，猴子过来，伸手去拿椰子里的香蕉。这洞口做的巧妙，松开的手可以自由进出，但握起拳头的手就出不来了。此时，猴子唯一该做的就是松手并放下香蕉，而这却是猴子最不想做的事情。即便拥有聪明才智，人们的心还是经常像猴子般被困住。因此，培养放下的态度在正念练习中是十分重要的。当人们开始专注于自己的内在体验时，很快就会发现这颗心总希望控制某些想法、感觉或状态。如果是愉悦的经验，人们试图延长、扩展，甚至一次又一次地召唤相关经验。若是不愉快的、痛苦的、令人恐惧的经验，人们就会努力减除、阻止或闪避。正念练习中，对于所体验到的一切，人们刻意学习放下心中看重或排斥的倾向，尽力让各种经验如其所是地呈现，保持时时刻刻的观察。放下，是一种顺其自然并接纳事物本来样貌的态度。

4. 不争/无为

一般来讲，几乎人们所做的每一件事情都有目的，例如：为了获取某些东西或到达某个地方。然而，在正念减压疗法中强调静观的价值。静观其实不同于人类其他的活动，静观是无为的、是非行动的，除了做自己之外，静观没有别的目标。有趣的是，自己已经是自己了。这听起来确实有点疯狂，但足以引领自我以新方式来看待自己，少点追求而多点同在，这来自可以培养非用力追求的态度。

5. 信任

在正念训练中，逐渐发展出一种信任自己与信任自身感觉的态度，是不可或缺的。在这个过程中也许会犯错，但总比一味追求外来指导好多了。有时候可能会觉得不对劲，此时何不尊重当下自己的感觉呢？为何要因为某位权威人士或某些团体有不同的意见，就轻易忽略自己的真实感受？在往后所有练习中，信任自己与信任自己基本智慧的态度是很重要的。特别是在练习瑜伽时，当身体告诉自己停止或缓和点儿，必须尊重这些感觉，否则很容易就受伤了。

有些学习正念减压疗法者过度臣服于老师的声誉或权威，反而不重视自己的感受或直觉。他们相信老师一定充满了自己所难以企及的智慧，他们景仰老师是完美智慧的化身，因此毫不质疑地模仿老师。说实在的，这样的态度与正念训练是背道而驰的，正念训练强调做自己并明白做自己的意义。任何人只要还在模仿另一个人，不论被模仿者是谁，在正念训练的路上已经走错方向了。

练习正念，就是练习负得起做自己的责任，学习倾听与信任自己。有趣的是，越培养对自己的信任，就越能信任别人，并看到别人善良的一面。

6. 耐心

耐心是智慧的一种形式。耐心表示人们了解也接受，若干人事物只能依其自身速度展现。一个孩子可能会把蛹打开，好方便蝴蝶飞出来，蝴蝶却无法因此受益。任何成年人都知道，蝴蝶只能依照自己的速度破茧而出，是无法加速的。同样的道理，当人们透过正念练习来滋养自己的心灵与身体时，人们得时时自我提醒，别对自己失去耐性。不论失去耐性的理由是因为人们发现自己老是处在评价的状态，或是人们感到紧张、焦虑、害怕，或是因为人们已经练习一段时间却毫无所获。人们学习对待自己犹如对待蝴蝶之蛹，既然如此，何须为了某些所谓的"更好的"未来而急急催促现在呢？毕竟，每一个时刻，在那当下都是自己的生命啊！有些想法令人开心，有些则令人难过或焦虑，无论开心与否，东想西想本身即可强势占据或遮蔽觉察，大部分时间里人们对当下的感知都被各种想法淹没，完全失去与当下的联结。练习耐性使人们明白，更多的活动或思考其实无法让生活更富足，反向操作才有可能。耐心，就是单纯地对每个瞬间全然地开放，承接蕴含其中的圆满，明白事物只能如蝴蝶般，依其自身的速度开展与呈现。

7．非评价

正念的培育是透过仔细专注自身分分秒秒的经验，在此同时，尽可能不受自己的好恶、意见、想法所牵制。这让人们直接看透事理，以一种客观的、不偏不倚、不加掩饰的态度来观察或参与，而不是戴着有色眼镜或心中的想望来扭曲事理。要能对自身的经验采取这种立场，首先，对于各种内在或外在的经验，个体必须能觉察心里川流不息的评价与惯性反应；其次，学习从这些评价与惯性反应中，往后退一步。当人们开始学习关注自己的内心状态后，会惊讶地发现原来我们总是不停地在评价各种经验，对于所见的一切，几乎都以自己的价值和偏好为基准，不断地分类并贴上标签。

评价某些人或事物是"好的"，出于若干理由人们对他们感到愉悦。抱怨某些人或事物是"不好的"，因为人们对他们感觉不好。其余的则归类为中性，因为与个体不相干，人们几乎不会注意到他们的存在，通常也不会引起自身的兴趣。基于这种分类与评价的习惯，人们会毫无觉察地落入惯性反应，而惯性反应几乎都是机械式与欠缺客观基础的。各种大大小小的评价盘踞心头，让人们很难感受到平静，很难对内在或外在正发生的事情有敏锐的洞察，于是这颗心像溜溜球，整天随自己的评价上上下下。如果人们想要找到一种更有效的方式来面对生活中的种种压力，第一要务就是能觉察这种自动评价的习惯。如此人们才能看穿自己的偏见与恐惧，也看到偏见与恐惧如何支配自己，之后才能从中释放自己。练习正念时，心中一旦升起任何评价，能加以辨识且刻意采取更广阔的观点、暂时停止评价、保持不偏不倚的观察是相当重要的。当发现自己的心已经在评价时，不需要阻止它，只需要尽可能地觉察正在发生的一切，包括所采取的各种惯性反应。此外，对已发生的评价可别再加以评价，这只会把情况弄得更复杂。举例来说，在练习观察呼吸时，心中升起"这真无聊""这根本没用"或"我做不来"的想法，其实都是评价。当这些想法浮现时，以下的做法非常重要：首先明白这些都是评价性的想法；其次提醒自己先搁置这些评价，既不追随这些想法，亦不对这些想法起任何惯性反应，只要单纯地观察心中所浮现的一切；然后继续全心全意地觉察呼吸。

四、催眠疗法

（一）概念

催眠疗法已有二百多年的历史。最早施用催眠术作为一种治疗方法的是 1775 年奥地利的考斯麦，他用磁铁作为催眠工具，用神秘的动物磁气说来解释催眠机理。其后，英国医生布雷德，精神分析学的创始人弗洛伊德，以及苏联生理学大师巴甫洛夫等，都对催眠现象进行了大量研究。在催眠状态下，由于人的大脑皮层高度抑制，过去的经验被封锁，对新刺激的鉴别判断力大大降低，从而使当作刺激物而被应用的暗示，具有几乎不可克服的巨大力量。

催眠术就是利用人的受暗示性，心理医生运用不断重复的、单调的言语或动作等向求治者的感官进行刺激，诱使其意识状态渐渐进入一种特殊境界的技术。患者在这种特殊状态下治疗者的言语指示产生巨大的动力，引起较为深刻的心理状态的变化，来消除病理心理和躯体障碍。

(二) 机理

催眠后的求治者，认知判断能力降低，防御机制减弱，表现得六神无主、被动顺从。这时，暗示的效果比在清醒状态下明显，求治者的情感、意志和行为等心理活动可凭心理医生的暗示或指令转换，而对周围事物却大大降低了感受性。在催眠状态下，求治者能重新回忆起已被"遗忘"的经历和体验，畅述内心的秘密和隐私。换句话说，求治者在催眠状态下呈现一种缩小了的意识分离状态，只与心理医生保持密切的感应关系，顺从地接受心理医生的指令和暗示。这样，心理医生就可以对求治者运用心理分析、解释、疏导或采取模拟、想象、年龄倒退、临摹等方法进行心理治疗。

实践证明，在催眠状态下，暗示语所产生的效应要比清醒时大得多。虽然词的暗示在清醒状态下也能起一定作用，但是在催眠状态下，由暗示引起的意象会更有威力，作用到潜意识会更强而且持久。患者对暗示词会像海绵一样地吸取，并仿佛"溶化到了血液中"而成为自己固有观点的一部分。通过催眠暗示把那些抑郁、焦虑、厌恶、紧张等有害的负性意念，不愉快的事件和痛苦的经历彻底清除掉，用积极的"正性意念"（如自信、满足、勇气、沉着、胜任、协调、专心、信奉等）来调整心理生理活动，改善情绪，增强机体的免疫、生长与修复功能。

(三) 治疗方法

1. 治疗前测试

在实施催眠之前，必须先测试患者的可暗示性程度。受暗示程度较低或不受暗示者，一般不宜接受催眠疗法。测试可暗示性的方法很多，现介绍以下几种。

(1) 测查嗅觉的灵敏度

用事先备好的 3 个装有不同溶液的试管，请患者分辨哪个装有水，哪个装有淡醋或稀酒精。分辨不出得 0 分，挑出一种得 1 分，挑出两种得 2 分。

(2) 测查平衡功能

令患者面墙而立，双目轻闭，平静呼吸两分钟后，治疗者用低沉语调缓慢地说："你是否感到有点站不住了，是否开始感到有点前后（或左右）摇晃，你要集中注意，尽力体验你的感觉，是否有点前后（或左右）摇晃，前后（或左右）摇晃"。停顿 30 秒，重复问话 3 次后，要患者回答，如感到未摇晃者得 0 分，轻微摇晃者得 1 分，明显摇晃者得 2 分。

（3）测查记忆力

令患者看一副彩色画，画面画的是一个房间内有一个窗户，蓝色的窗帘和两把椅子。30 秒后移走彩色画。问：房间里有 3 把还是 4 把椅子？窗帘是什么颜色，浅绿色的还是淡黄色的？房间有 2 个窗户还是 3 个窗户？若回答与问话一致，则具有暗示性，每一问得 1 分，若回答与画面一致则得 0 分，此项测查可得 0～3 分。

（4）测查视觉分辨力

在白纸中画一个直径 4 厘米、间距为 8 厘米的两个等大圆圈，中间分别写 12 与 14 或 14～15 两个数字。要患者回答哪个圆圈大，若回答一样大得 0 分，若回答其中之一者得 1 分。

（5）测查接受指令

让患者直立或平坐，两臂伸平，然后告诉他："你的左臂沉重，会不自主地下垂"。如果患者左臂明显下垂得 2 分，轻微下垂得 1 分，不下垂得 0 分。

通过五项测查患者可得 0～10 分，分数愈高者表示患者暗示性愈强，被催眠的可能性就愈大。

2．操作方法

言语暗示在催眠疗法中起着很重要的作用，但很少单独使用，临床上合并其他感官刺激以及药物往往能发挥更好的效果。

（1）言语暗示加视觉刺激

此法又称为凝视法，是让被催眠者聚精会神地凝视近前方的某一物体（一光点或一根棒等），数分钟后，施治者便用单调的暗示性语言开始进行暗示。"你的眼睛开始疲倦了……你已睁不开眼了，闭上眼吧……你的手、腿也开始放松了……全身都已放松了，眼皮发沉，头脑也开始模糊了……你要睡了……睡吧……"如求治者暗示性高，则很快进入催眠状态；如求治者的眼睛未闭合，应重新暗示，并把凝视物靠近求治者的眼睛以加强暗示，使两眼皮变得沉重。

（2）言语暗示加听觉刺激

催眠时，让求治者闭目放松，注意倾听节拍器的单调声或水滴声，几分钟后，再给予类似于上述的言语暗示，同时还可以加上数数，如："一，一股舒服的暖流流遍你全身……二，你的头脑模糊了……三，你越来越困倦了……四……五……"

（3）言语暗示加皮肤感觉刺激

施治者首先在求治者面前把手洗净、擦干和烤热，然后嘱咐求治者闭目放松，用手略微接触求治者皮肤表面，从额部、两颊到双手，按同一方向反复地、缓慢地、均匀地慢慢移动，同时配以与上述类似的言语暗示。有时也可不用言语暗示，仅用诱导按摩。这种按摩还以采取不接触到求治者皮肤的方法，只是靠双手的移动而引起温热空气波动，给皮肤温热感而达到诱导性催眠按摩的目的。

（4）言语暗示加药物

某些求治者如暗示性低、不合作，或为了加强催眠的疗效，也可以采用药物诱导法进行催眠或辅助言语诱导。其方法是用 2.5％硫喷妥钠稀释后，进行静脉缓慢注射，在患者出现表情安详、身体不动、眼睑微闭、呼吸均匀变慢，但能保持和医生对答交谈时，停止推注。

治疗结束后，可以及时唤醒患者，或让其睡完觉后逐渐醒来。一般用这样的指导语："好了，治疗结束了，你可以舒舒服服地睡一觉，睡醒后你一定会精神饱满，头脑清醒。"

催眠治疗的疗程一般是 1～5 次，间日或三日一次，三次后每周一次，最多不超过十次，每次半小时左右，疗后还要加紧个别心理治疗，以消除病因。

3．催眠程度

（1）轻度催眠

患者闭眼、躯体肌肉处于松弛状态，眼睑发僵，思维活动减少，不能按治疗者的暗示行动，如睁眼，只能扬动眉毛，有时出现自动活动。事后患者诉说他未睡着，周围一切都听到，都知道，就是不能也不想睁眼，只感觉全身沉重、舒适。

（2）中度催眠

患者瞌睡加深，皮肤感觉迟钝，痛阈值提高，顺从。事后患者说他开始突然睡着了，后来又醒了，问他：治疗者跟他说了些什么？做了些什么？患者只能记起催眠初期治疗者的言语和行动。

（3）深度催眠

患者的感觉明显减退，对针刺不起反应，事后完全不能记忆起他在催眠中的言行，而实际上患者完全按照治疗者的指示回答和行动，深度催眠状态下的患者除对医生的说话有反应外，已基本没有知觉，甚至对针刺刀割也无痛觉，可施行外科手术。

一般来说，在浅度催眠状态时进行心理治疗效果最好。这时，可根据患者的症状，让其回忆已遗忘和过去经历，宣泄其创伤体验；可以询问其病史、生活和工作的挫折等，为治疗收集资料；可以暗示其做一些动作或讲话，如通过讲话来纠正缄默症；也可以告诉患者某个症状很快就会消失；等等。

（四）适应证

神经症，这是催眠疗法最为适应的病症，包括神经衰弱、焦虑性神经症、抑郁性神经症、癔症、强迫性神经症、恐怖性神经症等；心身疾病；儿童行为障碍，包括咬指甲、拔头发、遗尿、口吃等儿童不良行为，儿童退缩行为，儿童多动症，儿童品德问题；神经系统某些疾患，包括面神经麻痹、偏头痛、神经痛、失眠等；进行催眠麻醉，顺利地进行外科手术；催眠加深时可进行催眠分析，患者较易地将被压抑而遗忘的精神创伤说出来而找出其致病的心理因素；某些顽固性不良习惯。

（五）禁忌证

精神分裂症或其他重性精神病患者，这类患者在催眠状态下会促进病情恶化或诱发幻觉妄想；脑器质性精神疾病伴有意识障碍的患者，催眠可使得症状加重；严重的心血管疾病，如冠心病、脑动脉硬化、心力衰竭等；对催眠有严重的恐惧心理，经解释后仍然持怀疑态度者。

五、暗示疗法

（一）概念

所谓暗示，是指人或环境以不明显的方式向个体发出某种信息，个体无意中接受了这些信息的影响，并做出相应行动的心理现象。它是一种被主观意愿肯定了的假设，不一定有根据，但由于主观上已肯定了它们的存在，心理上便竭力趋向这项内容。

暗示疗法是利用言语或非言语的手段，引导患者顺从、被动地、不加分析、不加批判地接受医生借助言语、手势、表情等所表达的内容，并赋予一定的意义，从而增强和改善人的心理状态，促进机体代谢功能，达到心理治疗的目的。

（二）机理

人的生理活动和心理活动是相互影响、相互作用的。暗示之所以能够对人的躯体和心理行为产生巨大影响，是因为暗示是一种人类所固有的普遍的心理特性，通过言语的联想过程转化为情绪状态，并产生心理冲动，直接作用于机体的各种机能和行为活动而发挥其作用。

暗示的作用可以分为两个过程：一是通过语言或动作的刺激，使受暗示的人产生观念的过程；二是在这种观念的基础上引起行动的过程。暗示作用的发挥必须经过这样两个过程。第一个过程是给予患者一定的刺激即他人暗示，是暗示作用发挥的前提条件；而暗示作用的真正发挥，还必须经过第二个过程，把外界刺激转变为自我观念，并把这种观念付诸行动即自我暗示。暗示如果是他人所提供的，只有在受暗示者接受其语言或动作后形成观念，并产生效果，暗示的作用才能得到实现。如果在别人给予刺激的场合下，受暗示者没有接受这种刺激或没有转变为自我观念，暗示也就不会产生效果。因此，在一定意义上可以说，暗示的本质是自我观念转变为行为的过程。

（三）治疗方法

1. 他人暗示疗法

他人暗示即由医生对患者施加的暗示。它主要是通过医生在患者心目中的威望，把某种观念暗示给患者，从而改善人的心理状态，调节人的行为和机体的生理机能，达到治疗疾病的目的。他人暗示疗法在临床上应用较为广泛。

2. 自我暗示疗法

由求治者通过自己的认知、言语、思维等心理活动过程，以调节和改变身心状态的一种心理治疗方法。自我暗示的力量是非常惊人的。在自我暗示的作用下，一个人可以突然耳聋，可能是因为大脑管理听觉的相应区域的机能受到了扰乱，形成了一个病态性的抑制中心，使神经细胞丧失了正常工作的功能。它们不再接受传来的信息，当然不能对这些信息做出反应。这样的求治者可以用催眠暗示疗法治疗，并且可以取得喜剧性效果，使不明真相的人大吃一惊。

3. 直接暗示疗法

直接暗示疗法是指让求治者静坐在舒适安静的椅子上，施治者以技巧性的语言或表情，给予求治者以诱导和暗示，使求治者接受暗示从而改变原有的病态感觉和不良态度，达到治疗目的。

4. 间接暗示疗法

间接暗示疗法是借助于某种刺激或仪器检查，用语言强化来进行的暗示治疗。临床医学上可通过对求治者的躯体检查操作，或使用某一仪器或注射某些药物，以及使求治者处在某些特定的环境中，再结合施治者的言语态度进行暗示，从而使暗示效果更显著。

(四) 适应证

目前，临床上普遍认为暗示疗法的使用范围是很广的，其适应证除了精神障碍病和其他神经症（如恐怖性神经症、焦虑性神经症）外，对疼痛、瘙痒、哮喘、心率过速、过度换气综合征等心身障碍和心身疾病；阳痿、性冷淡等性机能障碍；遗尿、口吃、厌食等行为习惯障碍等均有疗效。

暗示对疼痛有明显的影响，在足够的暗示作用下，配合使用安慰剂能使术后伤口疼痛显著减轻。用噪音刺激的方法进行拔牙，其中也有暗示作用。

(五) 注意事项

暗示疗法的效果与患者对医生的信任程度成正相关。因此，暗示疗法必须建立在患者对医生深信不疑的基础上。为了治疗的需要，医生有时需要采取假物相欺，以谎释疑，这与违背医德、欺骗患者是截然不同的，两者不可混淆。

六、理性情绪疗法

理性情绪理论（RET，又译作合理情绪疗法）是 20 世纪 50 年代末 60 年代初美国临床心理学家阿尔伯特·埃利斯（Albert. Ellis）倡导的一种认知疗法。其基本思想是：个体生来就具有理性和非理性两种倾向，那些非理性的东西表现为非理性思维，也就是不合理思维，正是它引发了个体的情绪困扰和行为问题。也就是说，心理障碍或异常主要是由错误观念导致的。因此，个体要学会改变不合理的思维方式，抛弃非理性的观念，并学习以合理的思维方式和理性的观念取而代之，这样才能使自己的心理走向健康。其基本原理可简称为 ABC 理论。

（一）认识非理性特征

1．绝对化要求

即从自己的意愿出发，认为某事一定会发生或一定不会发生，它通常与"必须""应该""应当""一定要"等强制性字眼联系在一起。艾利斯称之为"必须性的意识形态"。如，"我必须尽善尽美""我应该得到父母的喜爱和赞许""人类的各种问题永远都应当有一个正确、缜密和完善的答案，如果找不到这种完美答案，将会是一种灾难"等。个体的这种绝对化的要求反映出他不合理的、走极端的思维方式。其实，没有什么人是绝对完美的，也没有什么事情是绝对圆满。客观事物的产生和发展皆有一定的规律，它不可能以某个人的意志为转移。

2．过分概括化

即以某一具体事件、某一言行来对自己进行整体评价。如，"我真是个没用的人，做什么都不行。"其实他只不过经历了一次高考失败，或者公开场合说漏了嘴。对他来说，一次失败就足以证明自己一无是处、毫无价值；公开场合讲话说漏了嘴，出了洋相，就足以说明自己真是又笨又蠢，连这么简单的事儿都做不好，更何况其他等。其结果常导致自暴自弃、自责自罪，认为自己一无是处，一钱不值而产生焦虑抑郁情绪。另一方面对别人的非理性评价，别人稍有差错，就认为他很坏，一无是处，其结果导致一味责备他人，并产生敌意和愤怒情绪。其实，每个人都有出错的时候；伟人也有失误之时，十全十美的人是不存在的，由具体事件或言行来对整个人下结论，就犯了以偏概全的错误。

3．糟糕至极论

即如果某一件不好的事情一旦发生，其结果必然是非常可怕、糟糕至极、灾难性的。如，再没有什么比高考失败更糟糕的了，一辈子就此永无出头之路了，犹如天塌了下来，所有人都会笑话自己，往后还怎么见人等。这种非理性信念常使个体陷入羞愧、焦虑、抑郁、悲观、绝望、不安、极端痛苦的情绪体验中而不能自拔。这种糟糕透顶的想法常常是与个体对己、对人、对周围环境事物的要求绝对化相联系的。其实，没有什么事情是绝对糟糕透顶的，更坏的情形还有的是。将一件事情的负面结果夸大到极点，反映了个体走极端的不合理的思维方式。这足以将人推向自责内疚、抑郁绝望情绪的恶性循环之中。

上述三个特征造成了患者的情绪障碍，因此本疗法是以理性治疗非理性、帮助患者改变其认知，用理性思维的方式来替代非理性思维的方式，最大限度地减少由非理性信念所带来的情绪困扰的不良影响。

（二）治疗阶段化

合理情绪疗法是在当事人理解 ABC 理论，认识到自己应该对自己的情绪和行为问题负责的基础上，通过找到其不合理信念，并主要借助于辩论等技术来帮助当事人认清其原有观念的不合理之处，进而放弃这些不合理观念，建立起新的合理观念，来收到治疗效果。

1. 心理诊断阶段

这是治疗的最初阶段，首先治疗者要与患者建立良好的工作关系，帮助患者建立自信心。其次摸清患者所关心的各种问题，将这些问题根据所属性质和患者对它们所产生的情绪反应分类，从其最迫切希望解决的问题入手。

2. 领悟阶段

这一阶段主要帮助患者认识到自己不适当的情绪和行为表现或症状是什么，产生这些症状的原因是自己造成的，要寻找产生这些症状的思想或哲学根源，即找出它们的非理性信念。

在寻找非理性信念并对它进行分析时要顺序进行：第一，要了解有关激发事件 A 的客观证据；第二，患者对 A 事件的感觉体验是怎样反应的；第三，要患者回答为什么会对它产生恐惧、悲痛、愤怒的情绪，找出造成这些负性情绪的非理性信念；第四，分析患者对 A 事件同时存在理性的和非理性的看法或信念，并且将两者区别开来；第五，将患者的愤怒、悲痛、恐惧、抑郁、焦虑等情绪和不安全感、无助感、绝对化要求和负性自我评价等观念区别开来。

3. 修通阶段

这一阶段，治疗者主要采用辩论的方法动摇患者非理性信念。用夸张或挑战式的发问要患者回答他有什么证据或理论对 A 事件持与众不同的看法等。通过反复不断的辩论，患者理屈词穷，不能为其非理性信念自圆其说，使他真正认识到，他的非理性信念是不现实的，不合乎逻辑的，也是没有根据的。开始分清什么是理性的信念，什么是非理性的信念，并用理性的信念取代非理性的信念。

这一阶段是本疗法最重要的阶段，治疗时还可采用其他认知和行为疗法，如布置患者做认知性的家庭作业（阅读有关本疗法的文章，或写与自己某一非理性信念进行辩论的报告等），或进行放松疗法以加强治疗效果。

4. 再教育阶段

这也是治疗的最后阶段，为了进一步帮助患者摆脱旧有思维方式和非理性信念，还要探索是否还存在与本症状无关的其他非理性信念，并与之辩论，使患者学习到并逐渐养成与非理性信念进行辩论的方法。

一般地说，合理情绪疗法对那些主要由认知偏差所引起的神经症求治者和一般情绪问题来访者比较有效，对其中智商水平较高、受教育程度较高的求治者尤为有效，对那些不能做理性分析者、不愿接受该方法或对该方法有偏见者、智力太低者、年龄太大或太小者、与现实脱节而沉溺于幻想者，便不大适合。

参考文献

[1] 许振宇.突发事件风险管理方法与实践[M].西安:西北大学出版社,2020.

[2] 靖鲲鹏.非常规突发事件应急管理多元信息分层递阶可视化融合研究[M].秦皇岛:燕山大学出版社有限公司,2019.

[3] 鞠强.领导心理学[M].上海:复旦大学出版社,2018.

[4] 郭爱玲,刘文琴.领导干部心理健康与调适[M].兰州:甘肃人民出版社,2017.

[5] 谢晶仁.网络突发事件非对称性困境研究[M].北京:九州出版社,2020.

[6] 丁学君.突发事件背景下社交媒体谣言扩散机理及导控策略[M].沈阳:东北财经大学出版社,2020.

[7] 汪小梅.应急决策知识管理系统研究[M].西安:西安交通大学出版社,2017.

[8] 齐学红.突发公共卫生事件时期的班主任工作[M].南京:南京师范大学出版社,2020.

[9] 张广清,周春兰.突发公共卫生事件护理工作指引[M].广州:广东科技出版社,2020.

[10] 范从华.突发公共卫生事件理论与实践[M].昆明:云南科技出版社,2020.

[11] 胡月星.领导心与领导力[M].北京:研究出版社,2021.

[12] 李暄.突发事件舆情五讲新闻判断与价值观修养[M].北京:中国传媒大学出版社,2019.

[13] 夏雨禾.突发事件中的微博舆论阐释框架与实证研究[M].南京:江苏人民出版社,2019.

[14] 杨峰.突发事件应急决策的情报感知及实现路径研究[M].成都:四川大学出版社,2019.

[15] 任义娥.城市轨道交通运营安全与突发事件处置[M].北京:北京交通大学出版社,2019.

[16] 刘嘉.重大突发事件应急物资的准备与调度体系[M].武汉:武汉大学出版社,2017.

[17] 张晓玲.突发公共卫生事件的应对及管理[M].成都:四川大学出版社,2017.

[18] 刘伟伟.突发公共事件[M].上海:复旦大学出版社,2019.

[19] 姚江龙,魏捷.高校突发事件应急管理能力研究[M].徐州:中国矿业大学出版社,2017.

[20] 张珊珊,刘男,武悦.应对突发公共卫生事件的医疗建筑设计[M].哈尔滨:哈尔滨工业大学出版社,2019.

[21] 黄宏纯.突发事件全面应急管理[M].北京:北京理工大学出版社,2018.

[22] 程铁军.突发事件应急决策方法研究[M].南京:东南大学出版社,2018.

［23］周莉.突发事件中的网络情绪研究［M］.武汉:武汉大学出版社,2018.

［24］郭其云,夏一雪.突发事件应急救援力量管理体系研究［M］.济南:山东大学出版社,2017.

［25］严利华.面向非常规突发事件的网络舆情应急联动研究［M］.武汉:武汉大学出版社,2018.

［26］于庆云,姜锡仁,于子江,等.全国海洋突发事件应急管理系统设计与实现［M］.北京:海洋出版社,2018.

［27］朱传波,季建华.供应突发事件下的供应链应急管理研究［M］.上海:上海交通大学出版社,2018.

［28］陈璟浩.突发公共事件网络舆情演化研究［M］.北京:知识产权出版社,2018.

［29］周红云.群体性事件协同治理研究［M］.北京:中国社会出版社,2018.

［30］彦涛.领导与口才［M］.北京:台海出版社,2018.